大数据校企产教融合教材

大数据标注项目化教程

主　编　求秋音
副主编　戴岚岚　陈龙俊

电子工业出版社
Publishing House of Electronics Industry
北京·BEIJING

内容简介

本书使用浅显易懂的语言,系统介绍了数据标注的概念、分类,重点是通过各个项目来阐述文本数据、图像数据、语音数据等几类数据标注的工具、步骤、规范和质检。通过理论与项目实战相结合,帮助读者由浅入深地学习和实践,从而真正掌握数据标注的理论、技术和实施。

本书既可以作为大数据人才培训的基础教材,也适用于初学者的入门教材,以及为大数据初级、中级标注员岗位提供理论知识和技能的行业培训教材。

未经许可,不得以任何方式复制或抄袭本书之部分或全部内容。
版权所有,侵权必究。

图书在版编目(CIP)数据

大数据标注项目化教程 / 求秋音主编. -- 北京:
电子工业出版社, 2024.8. -- ISBN 978-7-121-48641-8
Ⅰ. TP18;TP274
中国国家版本馆 CIP 数据核字第 2024TG3297 号

责任编辑:邱瑞瑾
印　　刷:中煤(北京)印务有限公司
装　　订:中煤(北京)印务有限公司
出版发行:电子工业出版社
　　　　　北京市海淀区万寿路 173 信箱　邮编:100036
开　　本:787×1092　1/16　印张:12.25　字数:298 千字
版　　次:2024 年 8 月第 1 版
印　　次:2024 年 8 月第 1 次印刷
定　　价:49.00 元

凡所购买电子工业出版社图书有缺损问题,请向购买书店调换。若书店售缺,请与本社发行部联系,联系及邮购电话:(010) 88254888,88258888。
质量投诉请发邮件至 zlts@phei.com.cn,盗版侵权举报请发邮件至 dbqq@phei.com.cn。
本书咨询联系方式:(010) 88254609,hzh@phei.com.cn。

前言

本书是由绍兴市职业教育中心与深圳星道科技有限公司双元联合编写开发的教材，分别由绍兴市职业教育中心计算机高级教师、教务处主任求秋音，骨干计算机教师、产教融合班主任戴岚岚和深圳星道科技有限公司高级工程师陈龙俊担任副主编，绍兴市职业教育中心谢洁、包亚峰、吕旺力、王瑛、沈越昌参编，深圳星道科技有限公司工程师吴宗毅、吴书，项目经理穆淑杰参编。

本书使用浅显易懂的语言，系统介绍了数据标注的概念、分类，重点是通过各个项目来阐述文本数据、图像数据、语音数据等几类数据标注的工具、步骤、规范和质检。通过理论与项目实战相结合，帮助读者由浅入深地进行学习和项目实训，从而真正掌握数据标注的理论、技术和实施。本书既可以作为大数据人才培训的基础教材，也适用于初学者的行业培训教材，以及为大数据初级、中级标注员岗位提供理论知识和技能。

本书配备立体化教学资源，包括教学课件、操作微视频，有需要的教师和学生可以登录华信教育资源网（www.hxedu.com.cn）下载。

编者
2024.6

目 录

项目1　数据版面分析 ·· 1

　任务1　认识数据标注 ·· 1

　　1.1.1　什么是数据标注 ·· 1

　　1.1.2　数据标注与人工智能的关系 ·· 2

　　1.1.3　数据标注分类和平台 ··· 2

　　1.1.4　数据标注流程 ··· 2

　　1.1.5　学生自我学习单 ·· 5

　　1.1.6　学习评价表 ·· 6

　任务2　安装与使用标注软件 Labelme ·· 7

　　1.2.1　搭建Labelme工具的安装环境 ··· 7

　　1.2.2　Labelme工具的安装 ··· 7

　　1.2.3　Labelme 工具的使用方法 ··· 8

　　1.2.4　学生自我学习单 ·· 12

　　1.2.5　学习评价表 ·· 13

　任务3　学习版面分析标注规范 ·· 14

　　1.3.1　版面分析 ··· 14

　　1.3.2　标注规范 ··· 14

　　1.3.3　画框规范 ··· 15

　　1.3.4　注意事项 ··· 19

　　1.3.5　学生自我学习单 ·· 25

　　1.3.6　学习评价表 ·· 26

　任务4　学习版面分析基础属性规范 ·· 27

　　1.4.1　标注规范 ··· 27

　　1.4.2　画框规范 ··· 27

　　1.4.3　学生自我学习单 ·· 29

　　1.4.4　学习评价表 ·· 31

任务5　学习版面分析易错点 ·· 32
　　　　1.5.1　基础属性 ··· 32
　　　　1.5.2　关键要素 ··· 32
　　　　1.5.3　学生自我学习单 ··· 35
　　　　1.5.4　学习评价表 ·· 36
　　作业与练习 ··· 37

项目2　手写文本数据标注 39

　　任务1　了解文本标注应用领域 ··· 39
　　　　2.1.1　认识文本标注 ·· 39
　　　　2.1.2　客服行业 ··· 40
　　　　2.1.3　金融行业 ··· 40
　　　　2.1.4　医疗行业 ··· 41
　　　　2.1.5　学生自我学习单 ··· 42
　　　　2.1.6　学习评价表 ·· 43
　　任务2　学习手写文本数据标注规范 ··· 44
　　　　2.2.1　标注要素 ··· 44
　　　　2.2.2　文本转写操作步骤 ·· 45
　　　　2.2.3　文本转写操作要求 ·· 45
　　　　2.2.4　标注规范说明 ·· 46
　　　　2.2.5　学生自我学习单 ··· 50
　　　　2.2.6　学习评价表 ·· 51
　　任务3　学习画框规范 ··· 52
　　　　2.3.1　基本原则 ··· 52
　　　　2.3.2　画框方式 ··· 52
　　　　2.3.3　框的属性列表 ·· 53
　　　　2.3.4　学生自我学习单 ··· 54
　　　　2.3.5　学习评价表 ·· 55
　　任务4　学习文本行画框要求和案例 ··· 56
　　　　2.4.1　紧致画框 ··· 56
　　　　2.4.2　分开画框 ··· 56
　　　　2.4.3　涂抹处理 ··· 56
　　　　2.4.4　非文字处理 ·· 58
　　　　2.4.5　插入文字 ··· 59
　　　　2.4.6　纵向文字排版 ·· 59
　　　　2.4.7　箭头符号的处理 ··· 59

目　录　VII

　　2.4.8　涂鸦的处理 ··· 61
　　2.4.9　流程图的处理 ··· 62
　　2.4.10　坐标图的处理 ·· 62
　　2.4.11　表格的处理 ·· 62
　　2.4.12　公式的处理 ·· 63
　　2.4.13　学生自我学习单 ·· 64
　　2.4.14　学习评价表 ·· 65
作业与练习 ··· 66

项目3　图像数据标注 ··· 68

任务1　认识图像数据标注 ··· 68
　　3.1.1　什么是图像标注 ··· 68
　　3.1.2　图像标注应用领域 ·· 69
　　3.1.3　车牌号框图标注规范 ··· 70
　　3.1.4　人脸框图标注规范 ·· 71
　　3.1.5　医疗影像标注 ··· 71
　　3.1.6　学生自我学习单 ··· 73
　　3.1.7　学习评价表 ·· 74

任务2　了解图像数据标注工具 ·· 75
　　3.2.1　抠图圣手平台登录 ·· 75
　　3.2.2　抠图圣手标注流程 ·· 77
　　3.2.3　抠图圣手操作说明 ·· 80
　　3.2.4　图像标注规则 ··· 80
　　3.2.5　学生自我学习单 ··· 81
　　3.2.6　学习评价表 ·· 82

任务3　标注马路栏杆 ··· 83
　　3.3.1　道路两侧及对向车道中间栏杆的标注 ······························· 83
　　3.3.2　栏杆中广告牌或广告横幅的标注 ······································ 83
　　3.3.3　栏杆上有植物的标注 ··· 84
　　3.3.4　不同区域栏杆的标注 ··· 84
　　3.3.5　高架桥上的栏杆标注 ··· 85
　　3.3.6　学生自我学习单 ··· 87
　　3.3.7　学习评价表 ·· 88

任务4　标注路边的墙类建筑 ··· 89
　　3.4.1　围墙上的栏杆标注 ·· 89
　　3.4.2　施工工地围挡和广告立体墙标注 ······································ 90

   3.4.3 高架桥标注 ··· 90
   3.4.4 被遮挡的墙标注 ·· 91
   3.4.5 墙上或墙下有植物标注 ·· 92
   3.4.6 学生自我学习单 ·· 94
   3.4.7 学习评价表 ·· 95

 任务5 标注路边杆状物 ·· 96
   3.5.1 路边杆状物的标注要求 ·· 96
   3.5.2 颜色一致杆子的标注 ·· 97
   3.5.3 被物体截断杆子的标注 ·· 98
   3.5.4 重叠杆子的标注 ·· 100
   3.5.5 有底座交通杆子的标注 ·· 101
   3.5.6 特殊红绿灯杆子标注 ·· 102
   3.5.7 树干标注 ·· 103
   3.5.8 学生自我学习单 ·· 105
   3.5.9 学习评价表 ·· 106

 任务6 学习地面印刷物标注规范 ·· 107
   3.6.1 车道线-实线和车道线-虚线的标注 ··························· 107
   3.6.2 停止线标注 ·· 108
   3.6.3 待转区的标注 ·· 111
   3.6.4 禁停区的标注 ·· 112
   3.6.5 减速带的标注 ·· 113
   3.6.6 道路箭头的标注 ·· 113
   3.6.7 停车让行线的标注 ·· 114
   3.6.8 减速让行线的标注 ·· 114
   3.6.9 振荡标线的标注 ·· 115
   3.6.10 学生自我学习单 ·· 116
   3.6.11 学习评价表 ·· 117

 任务7 学习道路可通行区域标注规范 ·· 118
   3.7.1 连续道路可通行区域标注 ·· 118
   3.7.2 栏杆下面的通行道路标注 ·· 118
   3.7.3 不连续的道路通行区域标注 ···································· 119
   3.7.4 确定的通行区域标注 ·· 120
   3.7.5 自行车道标注 ·· 121
   3.7.6 停车位的标注 ·· 121
   3.7.7 其他 ·· 123

3.7.8　学生自我学习单⋯⋯⋯⋯⋯⋯⋯⋯⋯⋯⋯⋯⋯⋯⋯⋯⋯⋯⋯⋯⋯125
　　3.7.9　学习评价表⋯⋯⋯⋯⋯⋯⋯⋯⋯⋯⋯⋯⋯⋯⋯⋯⋯⋯⋯⋯⋯⋯⋯126
　作业与练习⋯⋯⋯⋯⋯⋯⋯⋯⋯⋯⋯⋯⋯⋯⋯⋯⋯⋯⋯⋯⋯⋯⋯⋯⋯⋯⋯⋯127

项目4　拍搜标注案例⋯⋯⋯⋯⋯⋯⋯⋯⋯⋯⋯⋯⋯⋯⋯⋯⋯⋯⋯⋯⋯⋯⋯128

　任务1　学习数据集标注标准⋯⋯⋯⋯⋯⋯⋯⋯⋯⋯⋯⋯⋯⋯⋯⋯⋯⋯⋯⋯128
　　4.1.1　拍搜标注数据需求⋯⋯⋯⋯⋯⋯⋯⋯⋯⋯⋯⋯⋯⋯⋯⋯⋯⋯⋯⋯128
　　4.1.2　检测标注框类别⋯⋯⋯⋯⋯⋯⋯⋯⋯⋯⋯⋯⋯⋯⋯⋯⋯⋯⋯⋯⋯129
　　4.1.3　检测标注方式⋯⋯⋯⋯⋯⋯⋯⋯⋯⋯⋯⋯⋯⋯⋯⋯⋯⋯⋯⋯⋯⋯130
　　4.1.4　学生自我学习单⋯⋯⋯⋯⋯⋯⋯⋯⋯⋯⋯⋯⋯⋯⋯⋯⋯⋯⋯⋯⋯131
　　4.1.5　学习评价表⋯⋯⋯⋯⋯⋯⋯⋯⋯⋯⋯⋯⋯⋯⋯⋯⋯⋯⋯⋯⋯⋯⋯132
　任务2　标注检测框⋯⋯⋯⋯⋯⋯⋯⋯⋯⋯⋯⋯⋯⋯⋯⋯⋯⋯⋯⋯⋯⋯⋯⋯133
　　4.2.1　题框⋯⋯⋯⋯⋯⋯⋯⋯⋯⋯⋯⋯⋯⋯⋯⋯⋯⋯⋯⋯⋯⋯⋯⋯⋯⋯133
　　4.2.2　文本行框⋯⋯⋯⋯⋯⋯⋯⋯⋯⋯⋯⋯⋯⋯⋯⋯⋯⋯⋯⋯⋯⋯⋯⋯135
　　4.2.3　答案框⋯⋯⋯⋯⋯⋯⋯⋯⋯⋯⋯⋯⋯⋯⋯⋯⋯⋯⋯⋯⋯⋯⋯⋯⋯136
　　4.2.4　图框⋯⋯⋯⋯⋯⋯⋯⋯⋯⋯⋯⋯⋯⋯⋯⋯⋯⋯⋯⋯⋯⋯⋯⋯⋯⋯137
　　4.2.5　表框⋯⋯⋯⋯⋯⋯⋯⋯⋯⋯⋯⋯⋯⋯⋯⋯⋯⋯⋯⋯⋯⋯⋯⋯⋯⋯137
　　4.2.6　题号框⋯⋯⋯⋯⋯⋯⋯⋯⋯⋯⋯⋯⋯⋯⋯⋯⋯⋯⋯⋯⋯⋯⋯⋯⋯137
　　4.2.7　学生自我学习单⋯⋯⋯⋯⋯⋯⋯⋯⋯⋯⋯⋯⋯⋯⋯⋯⋯⋯⋯⋯⋯139
　　4.2.8　学习评价表⋯⋯⋯⋯⋯⋯⋯⋯⋯⋯⋯⋯⋯⋯⋯⋯⋯⋯⋯⋯⋯⋯⋯140
　任务3　学习拍搜标注⋯⋯⋯⋯⋯⋯⋯⋯⋯⋯⋯⋯⋯⋯⋯⋯⋯⋯⋯⋯⋯⋯⋯141
　　4.3.1　图中文本行⋯⋯⋯⋯⋯⋯⋯⋯⋯⋯⋯⋯⋯⋯⋯⋯⋯⋯⋯⋯⋯⋯⋯141
　　4.3.2　单个题目的多个图⋯⋯⋯⋯⋯⋯⋯⋯⋯⋯⋯⋯⋯⋯⋯⋯⋯⋯⋯⋯141
　　4.3.3　表中有图⋯⋯⋯⋯⋯⋯⋯⋯⋯⋯⋯⋯⋯⋯⋯⋯⋯⋯⋯⋯⋯⋯⋯⋯142
　　4.3.4　单个题目和周边文字⋯⋯⋯⋯⋯⋯⋯⋯⋯⋯⋯⋯⋯⋯⋯⋯⋯⋯⋯143
　　4.3.5　应用题的答案行⋯⋯⋯⋯⋯⋯⋯⋯⋯⋯⋯⋯⋯⋯⋯⋯⋯⋯⋯⋯⋯143
　　4.3.6　题目的解析部分⋯⋯⋯⋯⋯⋯⋯⋯⋯⋯⋯⋯⋯⋯⋯⋯⋯⋯⋯⋯⋯143
　　4.3.7　学生自我学习单⋯⋯⋯⋯⋯⋯⋯⋯⋯⋯⋯⋯⋯⋯⋯⋯⋯⋯⋯⋯⋯145
　　4.3.8　学习评价表⋯⋯⋯⋯⋯⋯⋯⋯⋯⋯⋯⋯⋯⋯⋯⋯⋯⋯⋯⋯⋯⋯⋯146
　任务4　标注转写物理化学图文⋯⋯⋯⋯⋯⋯⋯⋯⋯⋯⋯⋯⋯⋯⋯⋯⋯⋯⋯147
　　4.4.1　整体流程⋯⋯⋯⋯⋯⋯⋯⋯⋯⋯⋯⋯⋯⋯⋯⋯⋯⋯⋯⋯⋯⋯⋯⋯147
　　4.4.2　画框规范⋯⋯⋯⋯⋯⋯⋯⋯⋯⋯⋯⋯⋯⋯⋯⋯⋯⋯⋯⋯⋯⋯⋯⋯147
　　4.4.3　属性规范⋯⋯⋯⋯⋯⋯⋯⋯⋯⋯⋯⋯⋯⋯⋯⋯⋯⋯⋯⋯⋯⋯⋯⋯149
　　4.4.4　转写规范⋯⋯⋯⋯⋯⋯⋯⋯⋯⋯⋯⋯⋯⋯⋯⋯⋯⋯⋯⋯⋯⋯⋯⋯152
　　4.4.5　学生自我学习单⋯⋯⋯⋯⋯⋯⋯⋯⋯⋯⋯⋯⋯⋯⋯⋯⋯⋯⋯⋯⋯154
　　4.4.6　学习评价表⋯⋯⋯⋯⋯⋯⋯⋯⋯⋯⋯⋯⋯⋯⋯⋯⋯⋯⋯⋯⋯⋯⋯155

作业与练习 ………………………………………………………………………… 156

项目5　语音数据标注 ……………………………………………………… 157

任务1　认识语音数据标注 …………………………………………………… 157
5.1.1　什么是语音标注 ………………………………………………… 157
5.1.2　语音数据标注工具 ……………………………………………… 157
5.1.3　语音标注分析六大元素 ………………………………………… 159
5.1.4　学生自我学习单 ………………………………………………… 161
5.1.5　学习评价表 ……………………………………………………… 162

任务2　了解语音标注Praat工具 ……………………………………………… 163
5.2.1　Praat工具的介绍 ………………………………………………… 163
5.2.2　Praat工具的使用 ………………………………………………… 163
5.2.3　Praat工具标注常用操作指令 …………………………………… 164
5.2.4　学生自我学习单 ………………………………………………… 165
5.2.5　学习评价表 ……………………………………………………… 166

任务3　客服语音转写 ………………………………………………………… 167
5.3.1　用Praat工具打开语音文件 ……………………………………… 167
5.3.2　开始标注语音文件 ……………………………………………… 167
5.3.3　工具自查checktool ……………………………………………… 173
5.3.4　学生自我学习单 ………………………………………………… 174
5.3.5　学习评价表 ……………………………………………………… 175

任务4　学习录音数据标注规范 ……………………………………………… 176
5.4.1　语音文件分类 …………………………………………………… 176
5.4.2　语音标注层级 …………………………………………………… 176
5.4.3　标注规范细则 …………………………………………………… 177
5.4.4　质检验收标准 …………………………………………………… 181
5.4.5　学生自我学习单 ………………………………………………… 182
5.4.6　学习评价表 ……………………………………………………… 183

作业与练习 ………………………………………………………………………… 184

项目1　数据版面分析

ppt：数据版面分析

项目场景

数据标注属于人工智能行业中的基础性工作，需要大量数据标注员从事相关部分的工作以满足人工智能训练数据的需求。在未来AI发展越来越好的前提下，数据的缺口一定是巨大的，对数据标注员的需求也会一直存在，未来数据标注会成为人工智能行业中一个非常重要的工作。

"数据版面分析"项目主要是将大数据采集师采集的数学练习册数据进行标注分类。例如，将数学练习册中的题目印刷题标注为"印刷体"，或将图片标注为"图片属性"等。这些旁人看起来不重要的信息，在数据建模师的眼里却极其重要，因为他们要使用数据标注员标注的数学练习册数据进行数据建模，组成一个识别数学题的"万能钥匙"，而数据标注员则是这把钥匙的眼睛，所以我们要格外仔细地识别每一个数据。

任务1　认识数据标注

1.1.1　什么是数据标注

数据标注即通过分类、画框、标注、注释等，对图片、语音、文本等数据进行处理，标记对象的特征，以作为机器学习基础素材的过程。

举个简单的例子，如果我们告诉孩子——"这是一辆汽车"，并把对应的图片展示在孩子面前，帮助他记住拥有四个轮子，可以有不同颜色的这种日常交通工具，当孩子下次在大街上遇到飞奔的汽车时，也能直呼"汽车"。

类比机器学习，想要让机器习得同样的认知能力，我们也需要帮助机器识得相应特征。两者不同点在于，对于人类来说，往往告诉他一次就能记住，下次遇到就能准确辨别；对于机器来说，需要我们提取有关汽车的特征，"喂"给它们大量带有汽车特征的图片，使其通过训练集反复学习，并通过测试集进行检查与巩固，最终准确识别汽车，而这些带有汽车特征的图片正是出自数据标注工程师。

2016年,人工智能程序阿尔法围棋(AlphaGo)在与世界顶尖职业围棋选手的对决中奉上了令人惊艳的战绩,可谓是一战成名。

当我们感慨其成长速度时,也不能否定最初的AlphaGo也犹如出生的婴儿一般,对下棋一窍不通,其之所以能够快速升级成为棋坛高手,这与人类"喂养"的棋谱与数据相关,换言之,正是人类像教育小孩一样培养了AlphaGo,才让其"学会"下棋。

1.1.2 数据标注与人工智能的关系

数据标注就是人类用计算机能识别的方法,把需要计算机识别和分辨的图片打上特征,让计算机不断识别这些特征图片,从而最终实现计算机能够自主识别。

通俗来讲,例如我们想让计算机知道什么是汽车,那么我们就得在有汽车的图片中,把汽车用专业的标注工具标注出来。这里的被标注软件处理过的汽车就是图片中的特征,计算机通过不断识别这些特征图片。最终结果就是,计算机通过大量的特征图片的学习,最终能够自主地识别特征物品。

所以说,如果人工智能是一个天赋异禀的孩子,那么数据标注就是它的启蒙老师,在传授的过程中,老师讲得越细致,越有耐心,那么孩子成长得也就越稳健。同样,换个角度,如果说人工智能是一条高速公路,那么数据标注就是高速公路的基石,基石越稳固,质量越过硬,那么使用起来就会越放心、越长久。

1.1.3 数据标注分类和平台

对于数据标注,按照不同的分类标准,可以有不同划分。现在,我们以标注对象作为分类基础,将数据标注细化为文本标注、图像标注以及语音标注。

百度众包、京东众智、码达科技、魔门塔、数据堂、龙猫科技等多家公司针对数据标注开展工作,但目前数据标注行业的发展还很混乱,没有相应的门槛导致各方面都存在问题,行业准入、门槛标准、人员素质、数据安全这些问题迫切需要解决。相关资料显示,在中国至少有10万的全职数据标注员以及达到100万的兼职数据标注员。

现在科研界研究的都是无监督、小样本的深度学习,通过三维合成数据,用虚实结合的数据生成方式来训练机器,尽量减少数据的采集和标注,让机器自主学习、自主进化。但由于缺乏理论上的突破性技术,所以虽然技术增长速度很快,但整体水平还比较低,目前的深度学习还依赖基于统计意义的大数据模型,这要求数据足够多、足够均衡以基本满足真实世界的需求。因此,数据标注这项工作会一直存在。

1.1.4 数据标注流程

数据标注的质量直接关系到模型训练的优劣程度,因此要为数据标注建立一套既定的数据标注流程,对文本、图像、语音等进行有序且有效的标注,如图1-1所示。

图 1-1 数据标注流程

1. 数据采集

数据采集是整个数据标注流程的首要环节。目前对于数据标注众包平台而言,其数据主要源于提出标注需求的人工智能企业。对于这些人工智能企业,它们的数据又来自哪里呢?比较常见的是通过互联网获取公开数据集与专业数据集。公开数据集是政府、科研机构等对外开放的资源,获取比较简便,而专业数据集往往更耗费人力物力,有时需要通过购买所得,或者通过拍摄、截屏等自主整理所得。此外,对于 Google 等科技巨头而言,其存在本身就是一个巨大的数据资源库。

至于具体的数据获取方式,既可以使用 SQL 技术从内部数据库中提取数据,也可以下载获取政府、科研机构、企业开放的公开数据集。此外,还可以编写网页爬虫,收集互联网上多种多样的数据,例如爬取知乎、豆瓣、网易等网站的相关数据。

值得一提的是,在进行数据采集时,不仅需要考虑采集规模与预算,同时也应注重采集数据的多样性以及是否适用于应用场景。再者,数据采集应该合理合法,通过正当的方式获取,不能侵犯个人隐私以及肖像权等个人权利,这是数据采集的前提。

2. 数据清洗

在获取数据后,并不是每一条数据都能够直接使用,有些数据是不完整、不一致、有噪声的脏数据,需要通过数据预处理,才能真正投入使用。在预处理的过程中,旨在于把脏数据"洗掉"的数据清洗是重要的一环。

特别是对于一些爬虫数据以及视频监控数据,在数据清洗中,应对所有采集的数据进行筛检,去掉重复的、无关的内容,对于异常值与缺失值进行查漏补缺,同时平滑噪声数据,最大限度纠正数据的不一致性和不完整性,将数据统一成适合于标注且与主体密切相关的标准格式,以帮助训练更为精确的数据模型。

3. 数据标注

数据经过清洗,即可进入数据标注的核心环节。一般在正式标注前,会由需求方的算法工程师给出标注样板,并为具体标注人员详细阐述标注需求与标注规则,经过充分讨论与沟通,以保证最终数据输出的方式、格式以及质量符合需求,这也被称为试标过程。

试标后,标注工程师将按照此前沟通确认的要求进行数据标注,通过对文本、图像、视频、语音等素材进行细致的分类、标框、描点等操作,打上不同的标签,以满足不同的人工智能应用的需求。

4. 数据质检

无论是数据采集、数据清洗,还是数据标注,通过人工处理数据的方式并不能保证完全准确。为了提高输出数据的准确率,数据质检成为重要一环,而最终通过质检环节的数据才算是真正合格的数据。

　　对于具体质检而言，可以通过排查或抽查的方式。检查时，一般设有多名专职的审核员，对数据质量进行层层把关，一旦发现提交的数据不合格，将直接交由数据标注人员返工，直至最终通过审核为止。

1.1.5 学生自我学习单

学生姓名		学习时长	
学习任务名称			
学习环境要求			
搜集资讯方式及内容			
典型工作过程			
典型工作实施困难			
学习收获			
存在问题			

1.1.6　学习评价表

学习任务				日期	
典型工作过程描述					
任务序号	检查项目	检查标准	学生自查	组长检查	教师检查
检查评价	班级			姓名	
	组长签字			教师签字	
	整体评价等级				
	评语				

任务2　安装与使用标注软件 Labelme

Labelme是一款多边形区域标注工具，可以用来标注不同形状的内容，通过选择标注物转折位置产生闭合的多边形区域，并定义区域标签属性，最终得到含有多层区域标注信息和位图信息的JSON文件，通过解析JSON文件获得可以被机器用来学习的内容。

1.2.1　搭建Labelme工具的安装环境

Labelme是用Python语言编写的，并使用Qt的图形界面的标注工具。本任务实战使用的操作系统是Windows 7的64位系统，标注工具的安装环境是Python2.7+PyQt4。

1.2.2　Labelme工具的安装

1．下载Labelme后需要进行安装，才能够运行使用。打开文件夹labelme-master，如图1-2所示，按住Shift键并右击文件夹空白处，在弹出的快捷菜单中选择"在此处打开命令窗口"选项。

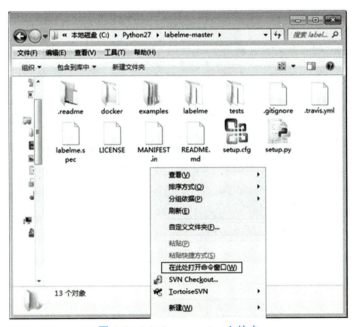

图1-2　labelme-master 文件夹

2．在命令窗口中输入pip install labelme，执行Labelme安装程序，如图1-3所示，等待Labelme安装完毕。

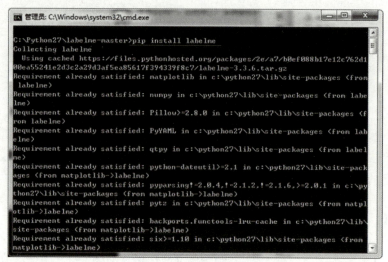

图 1-3　Labelme 安装界面

1.2.3　Labelme 工具的使用方法

（1）Labelme 安装完成后，在命令窗口中输入 labelme，如图 1-4 所示，启动 Labelme 多边形区域标注工具，Labelme 标注工具的操作界面如图 1-5 所示。

图 1-4　命令窗口输入 labelme

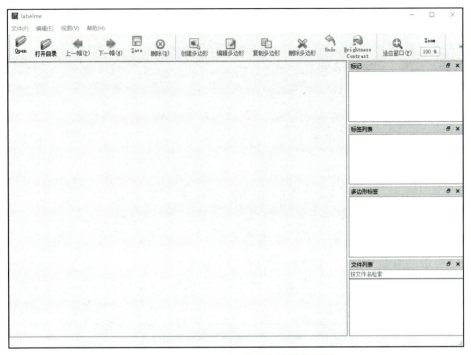

图1-5 Labelme 标注工具的操作界面

Labelme多边形区域标注工具操作界面左侧按键的中文对照如图 1-6 所示,右侧区域介绍如图 1-7 所示。

图 1-6 Labelme 操作界面左侧按键的中文对照

图 1-7 Labelme 操作界面右侧区域介绍

（2）当图片标注完成后选择保存为 JSON 文件，如图 1-8 所示。

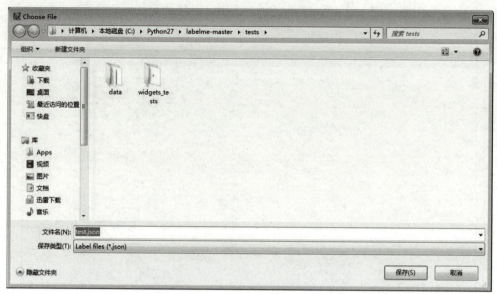

图 1-8　将标注完成图片保存为 JSON 文件

（3）在 JSON 文件所在文件夹内，按住 Shift 键并右击文件夹空白处，在弹出的快捷菜单中选择"在此处打开命令窗口"选项，打开命令窗口，如图 1-9 所示，在命令窗口中输入 labelme_json_to_dataset <文件名>.json。

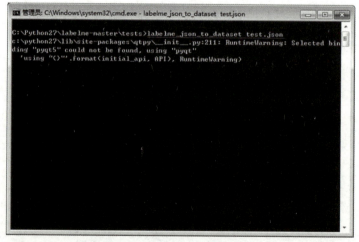

图 1-9　执行 JSON 文件命令

（4）命令执行完成后得到 JSON 文件的文件夹，文件夹内容如图 1-10 所示。

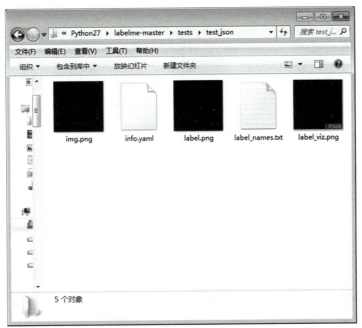

图 1-10　JSON 文件夹内容

（5）JSON 文件与原文件对比，如图 1-11 所示。

图 1-11　JSON 文件与原文件对比图

1.2.4 学生自我学习单

学生姓名			学习时长	
学习任务名称				
学习环境要求				
搜集资讯方式及内容				
典型工作过程				
典型工作实施困难				
学习收获				
存在问题				

1.2.5　学习评价表

学习任务				日期	
典型工作过程描述					
任务序号	检查项目	检查标准	学生自查	组长检查	教师检查
检查评价	班级			姓名	
	组长签字			教师签字	
	整体评价等级				
	评语				

任务3　学习版面分析标注规范

视频二维码：数据版面分析-关键要素

1.3.1　版面分析

版面分析是 OCR 系统的一个重要组成部分。版面分析就是对版面内的图像、文本、表格信息和位置关系所进行的自动分析、识别和理解的过程，通俗地说，就是将文档图片分段落、分行的过程。

由于实际文档的多样性、复杂性，因此，目前还没有一个固定的，最优化的切割模型。

1.3.2　标注规范

标注工作仅需要"画框"，画框可以用矩形和多边形两种形式。

标注框有手写、印刷、指印、表格、图片、签章 6 个基础属性，分栏、分页、页眉、页脚、页码、选择、填空、解答、判断、题块、答题区、段落、标题 13 个关键要素属性，关键要素需要在基础属性上进行添加，如表 1-1 所示。

无层级要求，但是小框必须严格在大框内，不可超出大框范围，关键要素可以在基础属性的基础上去画框。

表 1-1　需要标注的类型列表

类别	名称	代号（拼音首拼）	是否添加属性
基础属性	手写	handwrite	是
	印刷	machineprint	是
	指印	fingerprint	是
	签章	seal	是
	表格	printingform	是
	图片	graphics	是
关键要素	分栏	column	是
	分页	paging	是
	页眉	header	是
	页脚	footer	是
	页码	pagenumber	是
	题块	module	是
	段落	paragraph	是
	选择	xzt	是

(续表)

类别	名称	代号（拼音首拼）	是否添加属性
关键要素	填空	tkt	是
	解答	jdt	是
	判断	pdt	是
	标题	title	是
	答题区	dtq	是

1.3.3 画框规范

1. 分栏、分页

如图 1-12 所示，红色框为分页框，蓝色框为分栏框。

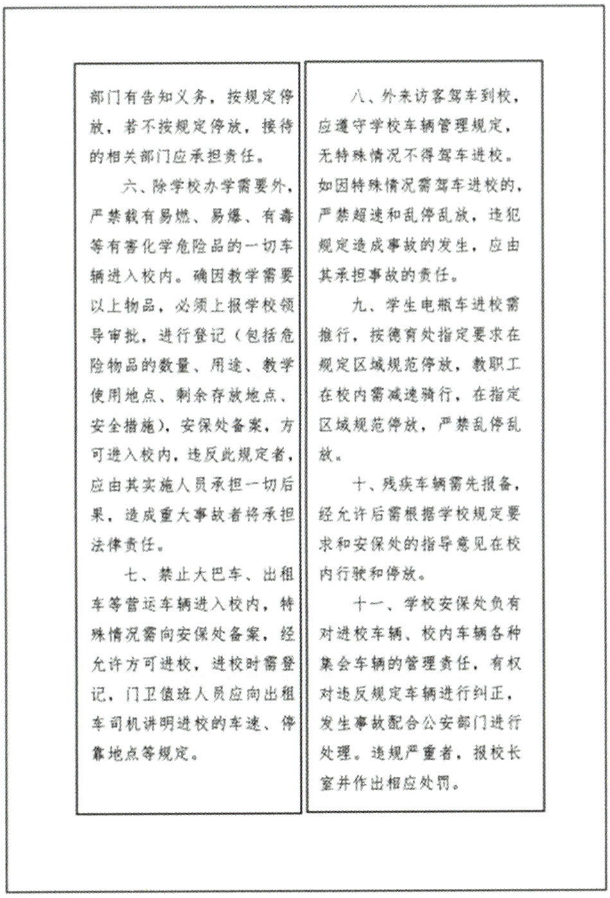

图 1-12 分栏、分页

2. 页眉、页脚

如图 1-13 所示，横线上方或者横线下方特定位置处的文字即为页眉或页脚。

3. 题块

无法确定该区域是否是解答、选择、填空、判断题的时候，则标注为题块。解答、选择、填空、判断和题块属性是并列关系，无法确定是否属于这4类的，则标注为标题。

图 1-13　页眉

4. 答题区

答题区即作答的区域，如图 1-14 所示，黄色框就是答题区。

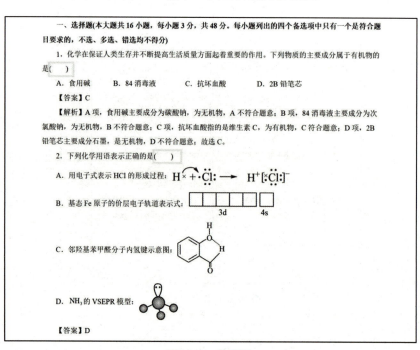

图 1-14　答题区

★ 操作贴士

下画线画框要求：下画线应该在框的下方，而不是中间，如图 1-15 所示。

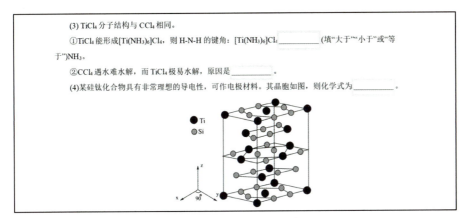

图 1-15　下画线画框要求

下画线画框的错误画法，如图 1-16 所示。

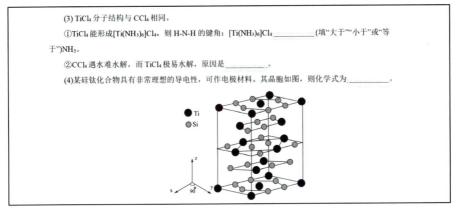

图 1-16　下画线画框的错误画法

5. 段落

首行缩进或者左对齐的均标注段落属性。

（1）选择、填空题具体的小题目不需要标注段落属性，但是相关的题目标题要框段落属性，如图 1-17 所示。红色框是题块，红色框内的粉色框是文本行，黄色框是答题区。

（2）解答题：有大段（两行以上的）描述性文字的需要标注段落属性，例如应用题、解答题的题目描述，如图 1-18 所示，黄色框为段落框，此处还需要标注题块和答题区。

6. 标题

字体加大加粗，且位置居中，句尾没有标点的，要标注为标题，如图 1-19 所示。

★ 操作贴士

如图 1-20 所示，箭头指向部分要框段落属性，因为其不具有概括全文大意的作用。

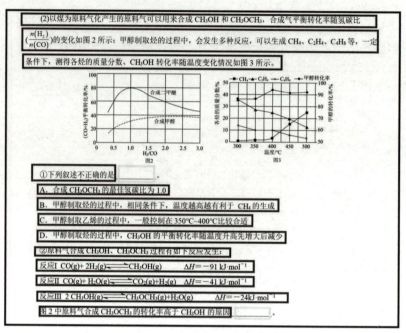

图 1-17 选择、填空题的标题要框段落属性

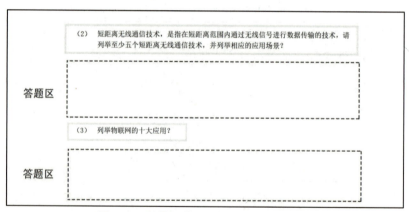

图 1-18 解答题的题目描述要框段落属性

一、增设专业的主要理由

（一）移动互联网行业市场需求   标题

    2022 年 2 月 25 日，中国互联网络信息中心（CNNIC）发布第 49 次《中国互联网络发展状况统计报告》（以下简称为《报告》）。截至 2021 年 12 月，我国网民规模达 10.32 亿，较 2020 年 12 月增长 4296 万，互联网普及率达 73.0%；累计建成并开通 5G 基站数达 142.5 万个，全年新增 5G 基站数达到 65.4 万个；有全国影响力的工业互联网平台已经超过 150 个，接入设备总量超过 7600 万台套，全国在建"5G+工业互联网"项目超过 2000 个，工业互联网和 5G 在国民经济重点行业的融合创新应用不断加快；我国网民使用手机上网的比例达 99.7%，手机仍是上网的最主要设备；网民中使用台式电脑、笔记本电脑、电视和平板电脑上网的比例分别为 35.0%、33.0%、28.1% 和 27.4%。

图 1-19 标题属性

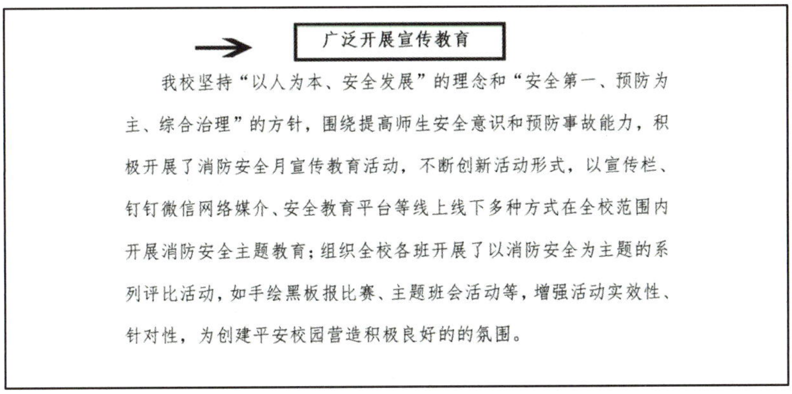

广泛开展宣传教育

我校坚持“以人为本、安全发展”的理念和“安全第一、预防为主、综合治理”的方针，围绕提高师生安全意识和预防事故能力，积极开展了消防安全月宣传教育活动，不断创新活动形式，以宣传栏、钉钉微信网络媒介、安全教育平台等线上线下多种方式在全校范围内开展消防安全主题教育；组织全校各班开展了以消防安全为主题的系列评比活动，如手绘黑板报比赛、主题班会活动等，增强活动实效性、针对性，为创建平安校园营造积极良好的的氛围。

图 1-20 段落属性

7. 分页

分页是指图中存在不同纸张页面时，每个页面要单独框出来；如果数据只有一个页面，不需要框分页属性框。如图 1-21 所示，所有的页面都要框出来，要求属性框沿着纸张轮廓，完整画框。

PC0 设置
192.168.1.2
255.255.255.0
192.168.1.1
PC1 设置
192.168.1.3
255.255.255.0
192.168.1.1

PC0 桌面上的终端
Switch>En //进入特权模式
Switch#conf t //进入全局配置模式
Switch(config)#inter vlan 1(默认交换机的所有端口都在 VLAN1 中)// 创建并进入 VLAN 1 的接口视图
Switch(config-if)#ip address 192.168.1.1 255.255.255.0//在 VLAN 1 接口上配置交换机远程管理的 IP 地址
Switch(config-if)#no shutdown //开启接口
Switch(config-if)#exit//回到全局配置模式
Switch(config)#line vty 0 4 //进入远程登录用户管理视图，0-4 个用户
Switch(config-line)#login //打开登录认证功能
Switch(config-line)#password 5ijsj //配置远程登录的密码为 5ijsj，密码明码显示
Switch(config-line)#privilege level 3 //配置远程登录用户的权限为最高级别权限 3
Switch(config-line)#end //退出到特权模式
Switch#show run //显示当前交换机配置情况

PC0桌面选项卡中的 CMD，命令提示符
ping 192.168.1.1 //成功以后，再做下一步
telnet 192.168.1.1

11

输入 password:5ijsj //登录成功，进入用户模式
Switch>Enable//进入特权模式
Switch#
PC1桌面选项卡中的 CMD，命令提示符
ping 192.168.1.1 //成功，再做下一步
telnet 192.168.1.1
输入 password:5ijsj
Switch>Enable//进入特权模式
Switch#

第五章 交换机的端口聚合配置

实验目标
- 理解端口聚合基本原理；
- 掌握一般交换机端口聚合的配置方法；

实验背景

端口聚合（又称为链路聚合），将交换机上的多个端口在物理上连接起来，在逻辑上捆绑在一起，形成一个拥有较大宽带的端口，可以实现负载分担，并提供冗余链路。

技术原理
- 端口聚合使用的是 EtherChannel 特性，在交换机到交换机之间提供冗余的高速的连接方式。将两个设备之间多条 FastEthernet 或 GigabitEthernet 物理链路捆在一起组成一条设备间逻辑链路，从而增强带宽，提供冗余。
- 两台交换机到计算机的速率都是 100M，SW1 和 SW2 之间虽有两条 100M 的物理通道相连，可由于生成树的原因，只有 100M 可用，交换机之间的链路很容易形成瓶颈，使用端口聚合技术，把两个 100M 链路聚合成一个 200M 的逻辑链路，当一条链路出现故障，另一条链路会继续工作。
- 一台 S2000 系列以太网交换机只能有 1 个汇聚组，1 个汇聚组最多可以有 4 个端口。**组内的端口号必须连续，但对起始端口无特殊要求。**

12

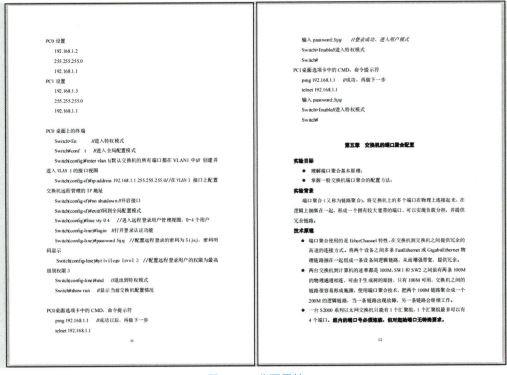

图 1-21 分页属性

1.3.4 注意事项

（1）文本行：一个文本行只能出现一个属性框，如图 1-22 所示的两个画框，需要删

除原框，重新画框。

5. 下列有关生活实例的叙述，正确的是（　　）
A. 护肤品中的甘油可通过易化扩散的方式进入皮肤细胞
B. 透气性好的“创可贴”可保证人体细胞的需氧呼吸
C. 低氧、湿润的环境有利于果蔬保鲜
D. 腌制果脯时细胞均以主动转运的方式吸收糖分而变甜

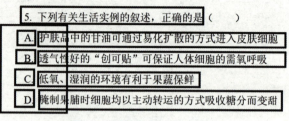

图 1-22　错误的文本行画框

（2）图片上显示有分页痕迹时，要标注两个分页框；要求属性框沿着教材或试卷轮廓，完整画框，如果只有一页内容，不需要框分页属性框，如图 1-23 所示。

校园内车辆管理制度

为进一步增强师生交通安全意识，提高自我防护能力，有效防范校内交通安全事故发生，保障广大师生生命安全。根据《中小学幼儿园安全管理办法》和绍兴市教育局下发的《关于进一步加强校内交通安全工作的通知》要求，结合学校实际，现制定以下校内车辆管理制度：

一、校内车辆实行登记制，教职工在购买车辆后，自觉到安保处登记备案。

二、上下学高峰期间，教职工车辆严格遵守人车分流制度，自觉走机动车道。教职员工、家长接送车辆（包括打的车辆）在上下学高峰期间，不得在校门口上下车或停留，需在离校门 50 米外的道路护栏外侧上下车或短时停留。校园内车辆限速 20 公里每小时，严禁超速。

三、校内车辆按规定区域停放，不得将机动车驶入教学楼部内。严禁任何车辆停放在拐弯处、主道路中间、主教学楼及实验楼门厅前、各进出通道口，以防影响其他车辆的通行和人员通行。

四、食堂、超市送货车辆及其他外来车辆进校门必须在事前做好登记手续，学校联系处室需要明确进入校园的这些车辆信息，并在安保处备案。不得在大课间活动、升旗仪式和学生上下学高峰期间进出学校大门，进入学校后严格按要求停车。

五、外来车辆原则上不予进校，确有需要的，必须由车辆联系部门向安保处申请，并在门卫处进行登记。来校办理公务的车辆，接待

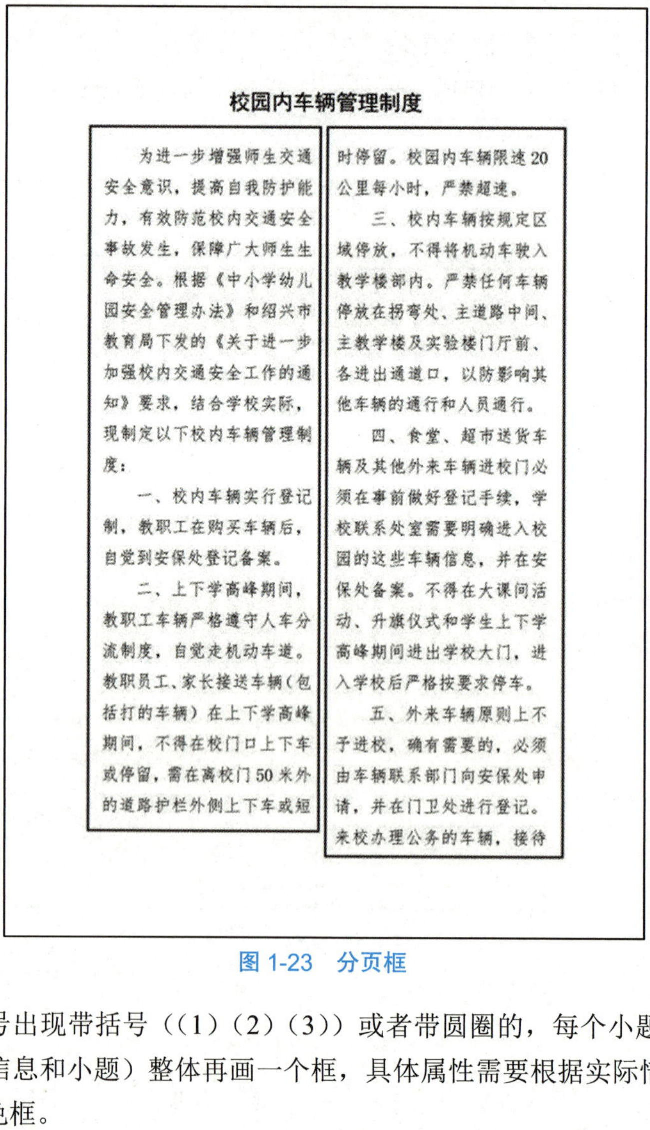

图 1-23　分页框

（3）小题题号出现带括号（(1)(2)(3)）或者带圆圈的，每个小题需要分别画框，然后大题（题目信息和小题）整体再画一个框，具体属性需要根据实际情况进行判断，如图1-24 所示的绿色框。

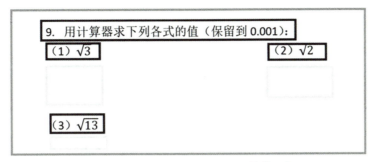

图 1-24　小题带括号，大题需要整体画框

（4）图片属性：插图和用于解答的辅助图都属于图片。

如图 1-25 所示，只需要整体框图片属性框，里面具体字符不需要再一一标注。

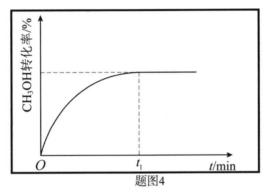

图 1-25　插图和用于解答的辅助图框图片属性

（5）表格：表格需要标注表格属性和表格里的具体信息（手写体、印刷体），如图 1-26 所示。

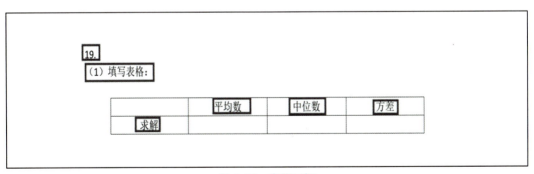

图 1-26　表格画框

（6）例题解析的解答内容如果都是印刷体，则可以把解答内容整体框为段落，如图 1-27 所示的黄色框区域。

（7）答题卡上，如果没有题目信息，则只给出基础属性和答题区即可。如图 1-28 所示，印刷的题号需要画两个答题区，如图 1-29 所示，手写的题号只画一个答题区即可。

（8）解方程题按照图 1-30 所示标注，只需将每个小题分别画框即可。

20：已知函数 $f(x)=\ln x-ax^2+(1-2a)x(a\in\mathrm{R})$.

（Ⅰ）若 $a=1$ 时，求函数 $f(x)$ 的单调区间；

（Ⅱ）当 $0<a\le\frac{1}{2}$ 时，求证：$f(x)\le\frac{1}{2a}-a-1$.

解：（Ⅰ）定义域 $(0,+\infty)$，Q $f'(x)=\frac{1}{x}-2ax+(1-2a)=\frac{(x+1)(-2ax+1)}{x}$，

$\because a=1,\therefore f'(x)=\frac{(x+1)(-2x+1)}{x}$，即 $f(x)$ 在 $\left(0,\frac{1}{2}\right)$ 递增，$\left(\frac{1}{2},+\infty\right)$ 递减.

（Ⅱ）$f(x)\le f\left(\frac{1}{2a}\right)=-\ln 2a-\frac{1}{4a}+\frac{1}{2a}-1=-\ln 2a+\frac{1}{4a}-1$，

要证：$-\ln 2a+\frac{1}{4a}-1\le\frac{1}{2a}-a-1$，即证：$\ln 2a+\frac{1}{4a}-a\ge 0$，设 $h(x)=\ln x+\frac{1}{2x}-\frac{1}{2}x$，$x\in(0,1]$，

因为 $f'(x)=\frac{1}{x}-\frac{1}{2x^2}-\frac{1}{2}=\frac{-(x-1)^2}{2x^2}\le 0$，$f(x)\ge f(1)=0$，$\therefore f(x)\le\frac{1}{2a}-a-1$ 成立.

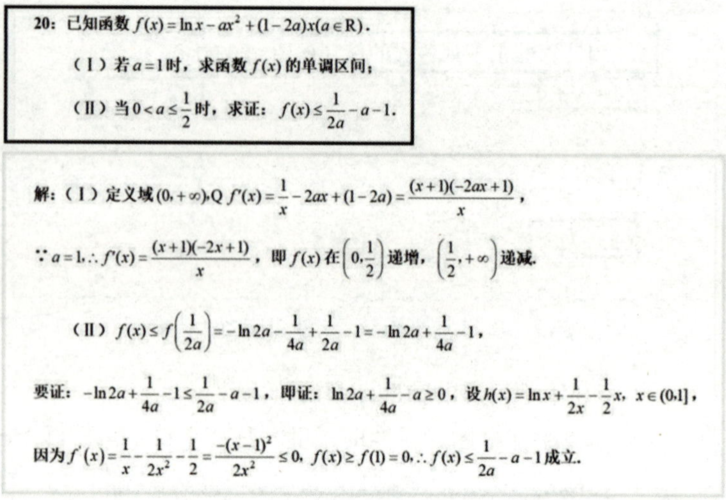

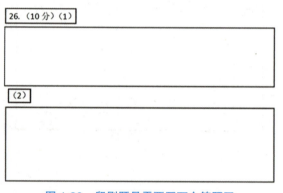

图 1-27　例题解析的解答内容框段落属性

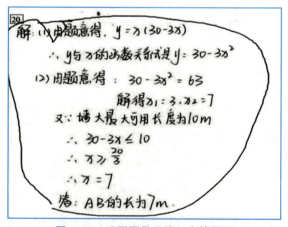

图 1-28　印刷题号需要画两个答题区

图 1-29　手写题号只画一个答题区

（9）作业本或者答题卡上如果只有手写体而没有题目信息，无法判断关键要素的忽略即可；如果有题目信息，则关键要素属性要正常画框，可以判断出哪些属性就标注哪些。如图 1-31 所示，只有作答内容，只给手写属性画框即可。

项目1　数据版面分析

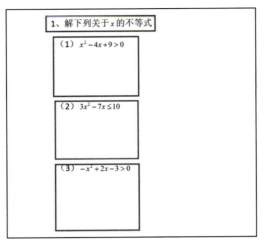

图 1-30　解方程题画框

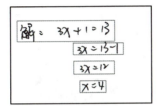

图 1-31　此处只有作答内容，只给手写属性

（10）试卷要给出分栏属性框，如图 1-32 所示。

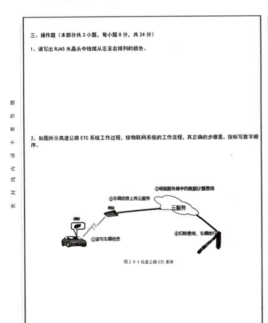

图 1-32　试卷要给出分栏属性框

（11）速算题的题块和答题区要一个一个地画框，如图 1-33 所示。

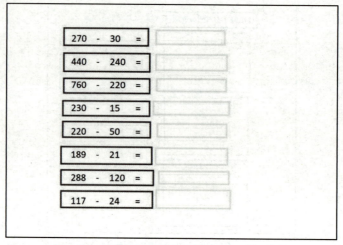

图 1-33　速算题的题块和答题区要一个一个框

（12）脱式计算的答题区按照红色框画一个即可，如图 1-34 所示。

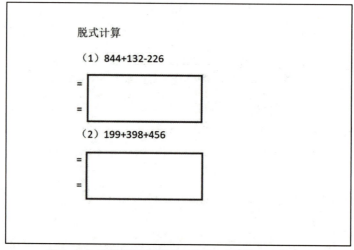

图 1-34　脱式计算的答题区按照红色框画一个即可

（13）作答内容超出答题区域时，答题区的框以规定的答题范围作为标准画框，如图 1-35 右边黄框所示；不涉及属性框交叉重叠的情况，以手写体区域作为答题区画框，如图 1-35 左边黄框所示。

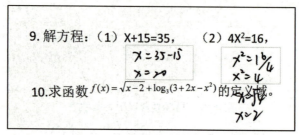

图 1-35　作答内容超出答题区域的画框

1.3.5 学生自我学习单

学生姓名		学习时长	
学习任务名称			
学习环境要求			
搜集资讯方式及内容			
典型工作过程			
典型工作实施困难			
学习收获			
存在问题			

1.3.6　学习评价表

学习任务				日期	
典型工作过程描述					
任务序号	检查项目	检查标准	学生自查	组长检查	教师检查
检查评价	班级		姓名		
	组长签字		教师签字		
	整体评价等级				
	评语				

任务4　学习版面分析基础属性规范

视频二维码：数据版面分析-基础属性

1.4.1　标注规范

标注框有手写、印刷、指印、表格、图片、签章6个基础属性，具体如表1-2所示。

表1-2　需要标注的类型列表

类别	名称	代号（拼音首拼）	是否添加属性
基础属性	手写	handwrite	是
	印刷	machineprint	是
	指印	fingerprint	是
	签章	seal	是
	表格	printingform	是
	图片	graph	是

1.4.2　画框规范

（1）文本行：原则上要满足"单框单行"，语义内容完整的一行用一个属性框即可。错误的文本行画框如图1-36所示，需要删除原框，重新画框。

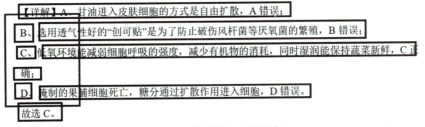

图1-36　错误的文本行画框

（2）手写体和印刷体不重叠或少量重叠的情况下，分别画框；如果手写体和印刷体重叠严重，则以手写体为标准画框，忽略印刷体，图1-37所示为典型示例。

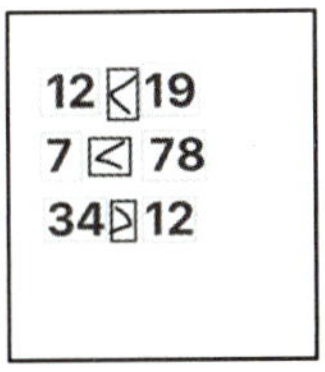

图1-37　**手写体和印刷体不重叠或少量重叠的典型示例**

（3）图片：不管是手写的解答图片或印刷图片，完整画框标注图片属性，图片中的字不需要再进行标注，如图1-38所示。

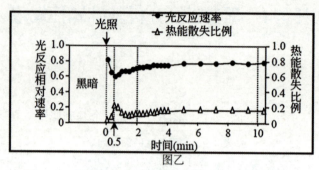

图1-38 解答图片或印刷图片完整画框标注图片属性

（4）表格：需要标注表格整体和表格里的具体信息，如图1-39所示。

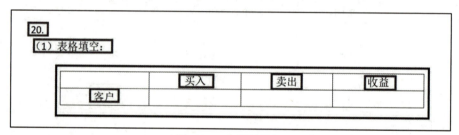

图1-39 表格的画框

（5）化学元素按照图片标注，如图1-40所示。

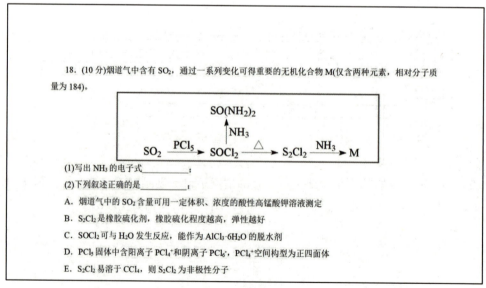

图1-40 化学元素的画框

（6）被截断内容超过百分之五十的，不需要标注，如图1-41所示的蓝色框是正确示例。

（7）批改痕迹的对钩或者叉号舍弃不框，如图1-42所示。

图1-41　被截断内容的画框

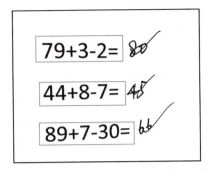

图1-42　批改痕迹的对钩或叉号舍弃不框

（8）下画线：除了连续几行只有下画线的，可以忽略不框；其他情况的下画线要和印刷体一起框，图1-43中的下画线不框，图1-44中的下画线需要框。

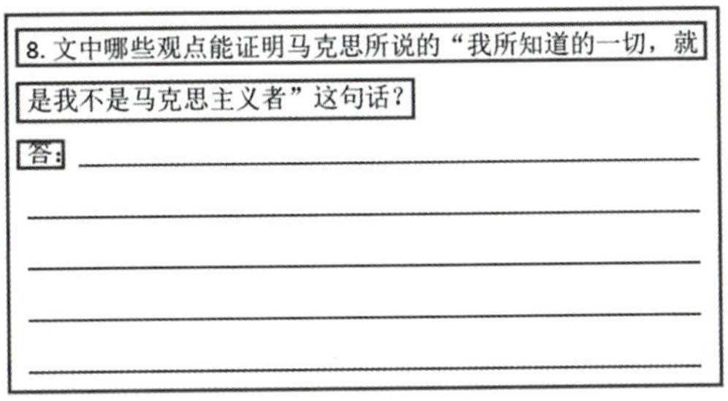

图1-43　连续几行只有下画线忽略不框

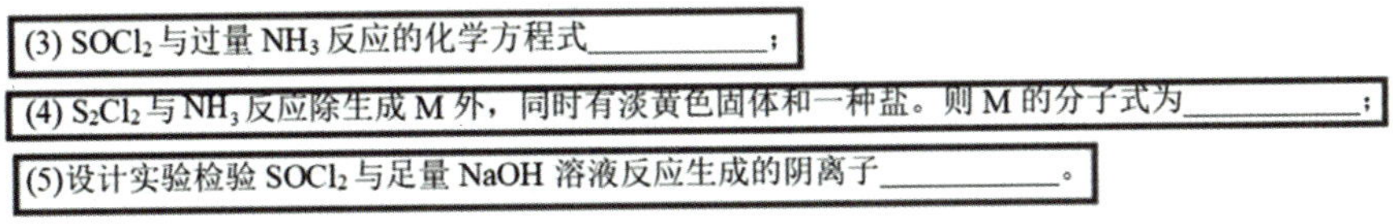

图1-44　其他情况的下画线要和印刷体一起框

（9）同张数据上只要能看清的文字都需要画框，只需要框正向的文字，后续倒着的字或者朝左朝右旋转90°的字，则不需要标注。

1.4.3 学生自我学习单

学生姓名			学习时长	
学习任务名称				
学习环境要求				
搜集资讯方式及内容				
典型工作过程				
典型工作实施困难				
学习收获				
存在问题				

1.4.4　学习评价表

学习任务				日期	
典型工作过程描述					
任务序号	检查项目	检查标准	学生自查	组长检查	教师检查
检查评价	班级			姓名	
	组长签字			教师签字	
	整体评价等级				
	评语				

任务5 学习版面分析易错点

1.5.1 基础属性

（1）如图1-45所示,下画线是分开的,手写体需要画两个框。

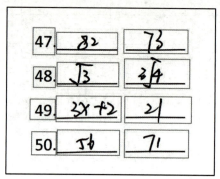

图1-45 下画线分开的手写体画框

（2）英文改错题：手写字在印刷字上面的按手写算,忽略后面的印刷字。

如图1-46所示。黄色框是印刷属性,红色框是手写属性（其他情况下的手写体和印刷体能分开的需要分开标注）。

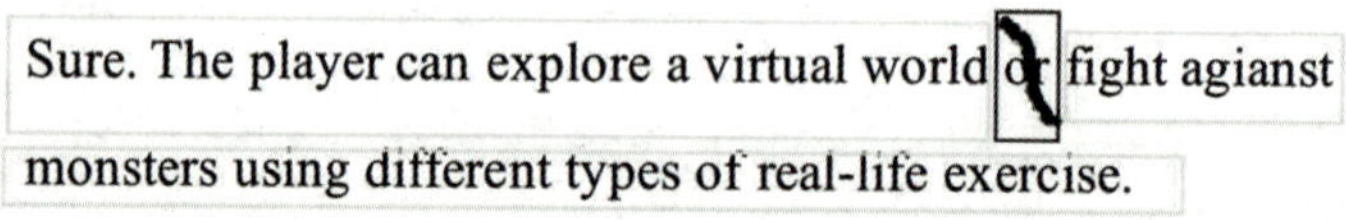

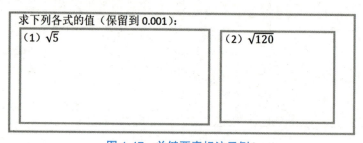

图1-46 手写字和印刷字重叠的典型示例

1.5.2 关键要素

（1）题目信息完整,且出现带括号或者带圈的小题题号,需要将每个小题分别画框,然后大题整体再画一个框,如图1-47所示。

图1-47 关键要素标注示例1

（2）表格属性中出现印刷体与答题区，应该按如图1-48所示标注，表格整体画框，如黑色框；表格里的印刷字或者手写字分别画框，如黄色框；答题区画框如绿色框。

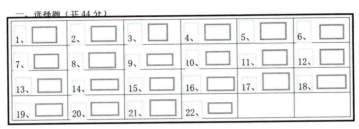

图 1-48　关键要素标注示例2

（3）填空题内出现图片，需要框选在一起，如图 1-49 所示。

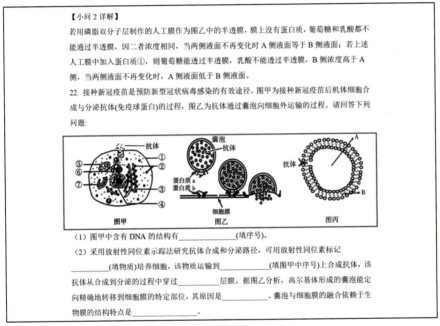

图 1-49　关键要素标注示例3

（4）如图 1-50所示，标题属性的正确画框方法是绿色整体大框。

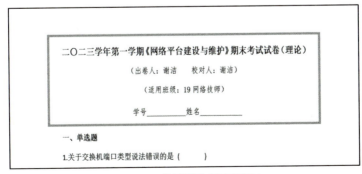

图 1-50　关键要素标注示例4

（5）表格中的具体信息需要分别画框，如图1-51所示。

15. 生物含有的核酸种类不同。下列关于各种生物的核酸中含有的碱基、核苷酸、五碳糖的种类的叙述，正确的是

选项	A.	B.	C.	D.
生物	T_2噬菌体	细菌	SARS病毒	小麦
碱基种类	5种	8种	4种	5种
五碳糖种类	1种	2种	2种	2种
核苷酸种类	5种	8种	8种	8种

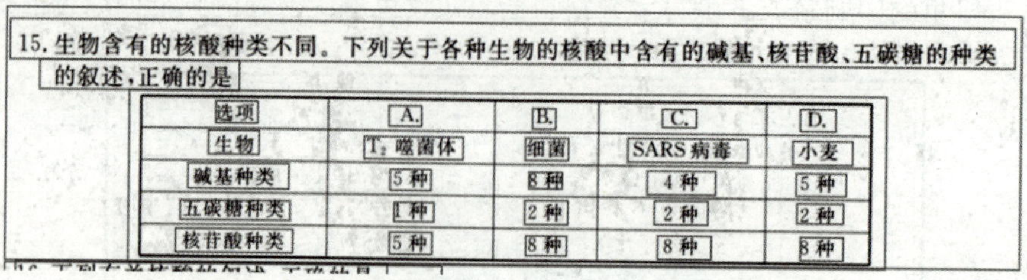

图 1-51　表格中的具体信息分别画框

（6）同一行出现多个选项，需要分别画框，如图1-52所示。

8. 在计算机硬件中，（　　）是计算机的运算核心和控制核心，负责解释程序指令并进行数据运算和处理。

A. CPU　B. 内存　C. 外存　D. 输入设备

9. 输入设备是指向信息系统输入数据和信息的设备，下列属于输入设备的是（　　）。

A. 音箱　B. 触摸屏　C. 打印机　D. 投影仪

10. 在信息系统中，用________代码的形式来表示信息。

A. 二进制　B. 十进制　C. 八进制　D. 十六进制

11. 下列各类进制的整数中，（　　）值最大。

A. （10）8　B. （10）2　C. （10）10　D. （10）16

12. 在信息系统中，人们设计了各种信息编码，其中（　　）是国际通用的信息交换标准代码，主要用于在信息技术设备中表示英文、数字等字符。

A. 数值编码　B. ASCII 字符编码　C. 汉字编码　D. 条形码

13. 小王因召开工作视频会议需要，给自己的电脑配置摄像头，请问摄像头属于（　　）。

A. 输入设备　B. 输出设备　C. 处理器　D. 存储器

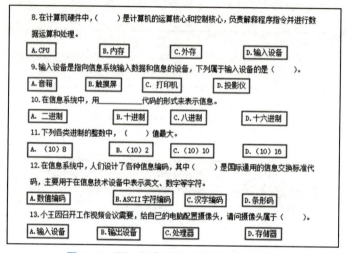

图 1-52　同一行出现多个选项要分别画框

1.5.3 学生自我学习单

学生姓名		学习时长	
学习任务名称			
学习环境要求			
搜集资讯方式及内容			
典型工作过程			
典型工作实施困难			
学习收获			
存在问题			

1.5.4 学习评价表

学习任务				日期	
典型工作过程描述					
任务序号	检查项目	检查标准	学生自查	组长检查	教师检查

检查评价	班级		姓名	
	组长签字		教师签字	
	整体评价等级			
	评语			

作业与练习

一、如何理解数据标注与人工智能的关系？

二、什么是数据标注？

三、数据标注对象可以划分为哪几类？

四、数据标注流程包括哪些环节？

五、数据标注有哪些应用场景？

六、熟练掌握标注工具 Labelme 的安装和使用。

七、根据版面分析标注规范及画框规范，对图1~图6所示图片进行标注练习。

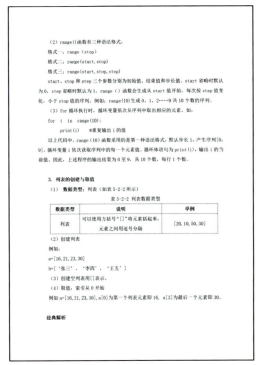

图1

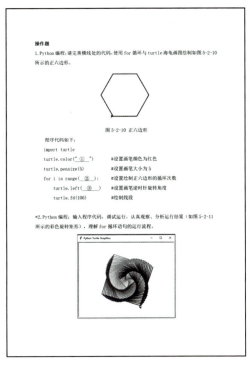

图2

图3

图4

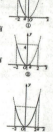
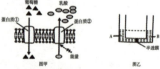

图5

图6

项目2　手写文本数据标注

ppt：手写文本数据标注

视频二维码：手写文本数据标注

项目场景

自然语言处理是人工智能的分支学科，为了满足自然语言处理不同层次的需要，对于文本数据进行标注处理是关键环节。

"手写文本数据标注"项目主要应用于手机拍照识别文字。为提升OCR手写识别能力，需要人工标注数据集以训练手写体的检测模型和识别模型。该项目需要标注数据画框、数据属性，还需要转写里面的文字，以及版面分析，如中文、英文、中英混、简单版面、复杂版面、文字工整、文字潦草版面分析类型。面对如此繁多的版面类型和各类数据中龙飞凤舞的手写体，我们要遵循各类数据标注规范、画框规范和转写规范。

任务1　了解文本标注应用领域

文本标注在我们的生活中应用范围还是比较广泛的。具体来说，文本标注应用比较多的行业有客服行业、金融行业和医疗行业等。应用类型主要有数据清洗、语义识别、实体识别、场景识别、情绪识别和应答识别等。

2.1.1　认识文本标注

文本标注其实是一个监督学习问题。可以把标注问题看作是分类问题的一种推广方式，同时，标注问题也是更复杂的结构预测问题的简单形式。标注问题，其输入是一个观测序列，其输出是一个标记序列或者状态序列。标注问题的目的是学习模型，使该模型能够对观测序列给出标记序列作为预测。需要注意的是，标记个数是有限的，但其组合而成的标记序列的数量是依照序列长度呈指数级增长的。

作为最常见的数据标注类型之一，文本标注是指将文字、符号在内的文本进行标注，让计算机能够读懂识别，从而应用于人类的生产生活领域。自然语言处理是人工智能的分支学科，为了满足自然语言处理不同层次的需要，对于文本数据进行标注处理是关键环节。具体而言，通过语句分词标注、语义判定标注、文本翻译标注、情感色彩标注、拼音标注、多音字标注、数字符号标注等，可提供高准确率的文本语料，如图 2-1 所示。

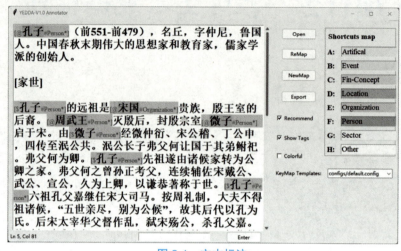

图 2-1　文本标注

2.1.2　客服行业

在客服行业，文本标注主要集中在场景识别和应答识别。以电商平台的智能客服机器人为例，当用户在购物时遇到问题，需要与机器人沟通交流时，人工智能将根据用户的咨询内容切入对应的场景里，然后让用户选择更细分的应答模型，再定位到用户的实际场景中，根据用户的具体问题，给出对应的回答。整个过程就好比是把用户的问题用漏斗状的筛子过滤一遍。

在初期建立应答体系的时候，需要对海量用户咨询语言所生成的文字材料进行分类，把对应的用户咨询的问题事先标记好，然后放进对应的模型中。

在这一步中，数据标注的具体工作就是给句子的场景打标，将用户的问题细分并匹配对应的场景。在进行这种标注时，需要人工智能非常熟悉本行业的业务逻辑，其实质就是建立机器人的应答知识库。机器人在收到用户发出的指令时，需要识别这些指令和哪个细分问题的拟合度最高，然后选取那个问题的答案作为给用户的答案。

2.1.3　金融行业

线上平台标注和线下表格标注是金融行业文本标注的主要形式。我们以金融行业企业标注的线下标注内容举例。

尽管人工智能会通过大量整理好的语料尽量穷举对应场景和模型的应答知识库，但是用户提问的方式通常都是不一样的，很多问题需要根据上下文和其应用场景才能做到充分理解，再加上机器的识别是一个概率问题，最终识别成什么问题，以及最终给出什么答案都存在阈值，所以经常出现识别错误等异常情况也是难以避免的。

出现错误的情况，被称作"badcase"。这时候，需要数据标注员对原始的聊天数据进行标注，看机器人的回答是否正确。如果不正确，就必须分析出现的问题是哪一种，是一级分类错误还是二级分类错误，或是回答的内容不够好，不能满足用户的需求。

打个比方，当用户问信用卡怎么办理的时候，机器人回复的却是储蓄卡的办理流程，这就是出现了"badcase"。因为机器人把问题分进了错误的分类，从而出现回答错误的情形。然后，将出现的错误筛选出来，并根据业务逻辑树进行分类，标记完之后由专人对应答情况进行调优。

2.1.4 医疗行业

在医疗行业，对自然语言进行标记处理，对专业度要求比较高，需要专门的医学人才才能进行标注。往往本行业的标注的对象是从病例中抽取出来的一些信息，病历中的检查项和既往病史是有模板的，直接识别可替换项的结果就可以，这往往是比较容易的。但是，主诉和医生对患者的描述通常每次会有所差异。

在做标注的时候可以这样处理：首先明确每个词的属性，即每个词在这种语境下面具备怎样的属性。然后标注每个词在句子中的作用。例如，主诉为：腰痛2年，伴左下肢放射痛10日余，如图2-2所示。

腰痛2年，伴左下肢放射痛10日余		
分词	属性	位置
腰	器官	主
痛	症状	谓
2	时间	宾
年	时间	宾
，	-	-
伴	-	-
左	方位	主
下	方位	主
肢	器官	主
放射	修饰属性	谓
痛	症状	谓
10	时间	宾
日	时间	宾
余	时间	宾

图2-2 医疗行业文本标注

这种标注的目的在于让机器去识别主诉中的每一个词，通过进行大量的数据标注，人工智能就能够识别每个词具备怎样的属性，在句字中有什么作用，在这种语境下扮演什么角色，并且教会机器去拆词，识别哪些是有用的，哪些是无用的。

2.1.5 学生自我学习单

学生姓名		学习时长	
学习任务名称			
学习环境要求			
搜集资讯方式及内容			
典型工作过程			
典型工作实施困难			
学习收获			
存在问题			

2.1.6 学习评价表

学习任务				日期	
典型工作过程描述					
任务序号	检查项目	检查标准	学生自查	组长检查	教师检查
检查评价	班级		姓名		
	组长签字		教师签字		
	整体评价等级				
	评语				

任务2　学习手写文本数据标注规范

OCR 文字标注其实就是文字识别，是对图片中的文字，进行人为、机器识别的方式，完全获取文字信息的一种标注工序。其中手写体问题是目前的主要难点，因为每个人的习惯字体、写字风格都不同，这就难免会导致机器在识别文字内容时出现错误，为了提升 OCR 手写识别能力，需要人工标注数据集以训练手写体的检测模型和识别模型。

2.2.1　标注要素

1. 标注工作步骤

可以分为三个步骤：
（1）对数据添加页面属性。
（2）对文本行画框，并为文本框添加相应的属性。
（3）在每个文本行框内进行文字转写。

2. 标注为坏数据

遇到以下情况，可以当作坏数据处理（标注界面点"标注为坏数据"），如图 2-3 所示。
（1）图片中大部分文字的朝向为非正向，则标注为坏数据（具体规范以标注界面的"标注规范"按钮内说明为准）。
（2）图片中的内容有涂鸦，文字朝向为非正向，则标注为坏数据。

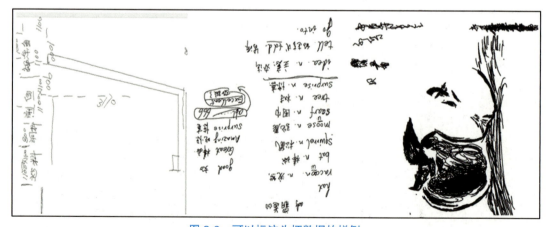

图 2-3　可以标注为坏数据的样例

2.2.2 文本转写操作步骤

双击标注框,弹出编辑框(如图 2-4 所示),或按 Enter 键打开右侧转写框校对文本(如图 2-5 所示)。

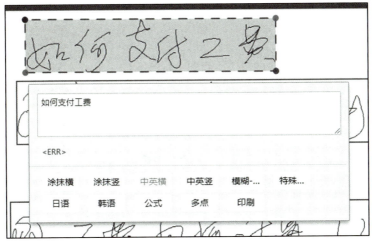

图 2-4　双击标注框转写

图 2-5　按 Enter 键转写

2.2.3 文本转写操作要求

1. 标点的使用

中文篇章用中文的标点,英文篇章用英文的标点,习惯性下笔较轻的点可以忽略,辨别不出是逗号或者是句号的标点应根据语义进行判断。

2. <ERR>标签

一行中如果有无法辨识的字,可以用<ERR>替代这个字,一个字符用一个<ERR>标注,英文以字母为单位。

无法辨识情况是指正常情况下的字迹潦草或字写错(文字根本不存在)。如果字体涂抹到无法识别,乌漆麻黑的,则画框添加涂鸦属性。

注意:
- <ERR>不适用字体涂抹到无法识别的情况。
- <ERR>跟涂抹属性既没有联系也没有冲突。

3. 模糊情况转写方式

（1）对于可辨认出语种或者字符量的图片，则每一行用画框标注模糊属性，不转写。

（2）整张图模糊到无法辨认语种或字符量的，可以直接标注为坏数据。

（3）一行中如果有部分模糊，则可以正常转写，忽略模糊的字符。一行中如果模糊的字符占到40%，则要单独画框标记模糊属性，不转写。

4. 固定用词

（1）叠词第二个字符标注为"々"，如图 2-6 所示。

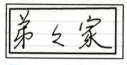

图 2-6　固定用词转写

（2）乘法的符号统一用词"×"。

5. 截断

截断如果超过一半（无法辨识是什么字），则忽略不画框不转写。

2.2.4　标注规范说明

1. 页面属性

根据文档内容、书写风格、书写版式等不同，我们定义了 4 个类别，每个类别中都包含几种不同的属性。在标注时，要依次从每个类别中选择一种属性进行标注（每个类别都要覆盖到，但每个类别只能选择一种属性）。由于目前标注系统不支持多标签的操作，因此需要在空白处先画一个框，框的属性为"页面属性"（page-attribute），然后通过标签的方式，将当前图的版面分类键入到文本编辑区域中。

2. 版面分类

各个版面分类的关键字定义及样例如表 2-1 所示。

表 2-1　各个版面分类的关键字定义及样例

序号	类别说明	关键字定义与样例展示	
1	书写语言	<1-1_chinese>（中文）	（手写样例图）

（续表）

序号	类别说明	关键字定义与样例展示	
1	书写语言	<1-2_english>（英文）	*[手写英文样例：Visual Basic, Listed VB, Microsoft Corporation to launch a Windows application development tool is the world's most widely used programming language. It was generally acknowledged to be the most efficient programming of a programming method. Whether the development of powerful, reliable performance of the business software, or can be prepared to deal with the practical problems of small, most convenient way.]*
		<1-3_mixture-ce>（中英文混合）	*[手写中英文混合样例：分数、小数的分数 (1)分数 a. 1/5 : one fifth, 3/5 : three fifths, 5⅗ : five and three fifths b. 如果分母是2或4,就用half和quarter 1/2 : one half, 1/4 : one quarter, 3/4 : three quarters]*
		<1-4_math>（数学/化学/物理）	*[手写数学公式样例]*
2	书写质量	<2-1_goodwrite>（文字工整）	*[手写中文工整样例]*

（续表）

序号	类别说明	关键字定义与样例展示	
2	书写质量	<2-2_badwrite>（文字潦草，但可以辨认）	
		<2-3_unknown>（无法辨认）	
3	版面样式	<3-1_simple>（简单版面）	
		<3-2_complex>（复杂版面）	

(续表)

序号	类别说明	关键字定义与样例展示	
4	噪声或涂抹笔画的多少	<4-1_noise-little>（少量或没有噪声笔画）	
		<4-2_noise-middle>（中等噪声笔画）	
		<4-3_noise-high>（大量噪声笔画与涂抹）	

2.2.5 学生自我学习单

学生姓名			学习时长	
学习任务名称				
学习环境要求				
搜集资讯方式及内容				
典型工作过程				
典型工作实施困难				
学习收获				
存在问题				

2.2.6 学习评价表

学习任务				日期	
典型工作过程描述					
任务序号	检查项目	检查标准	学生自查	组长检查	教师检查
检查评价	班级			姓名	
	组长签字			教师签字	
	整体评价等级				
	评语				

任务3　学习画框规范

2.3.1　基本原则

（1）画框尽量贴着文字。
（2）画框尽量使用多边形。
（3）画框原则只能单行或单列，不可按区域，并且要顺时针画框。

2.3.2　画框方式

1. 快捷键

（1）多边形：快捷键 Z（鼠标左键单击可以画点线，右击则闭合成框）。
（2）矩形：快捷键 A。

2. 画框顺序

标注前将文字转为正向，从文字左上角开始，按顺时针方向按照 1、2、3、4 的顺序开始画框，如图 2-7 所示。

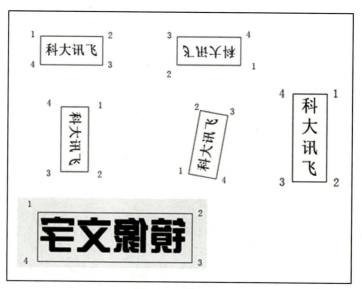

图 2-7　画框顺序

3. 删除框和点的方式

（1）删除框：在图片区域选中画框，右击鼠标，选择"确定"选项则可删除框；

（2）删除点：可通过撤销点逐个删除（快捷键Ctrl+Z）。

如图 2-8 所示，框的位置点均可修改，利用鼠标锁定线上的蓝点，按住鼠标左键，可拖动改变点的位置。

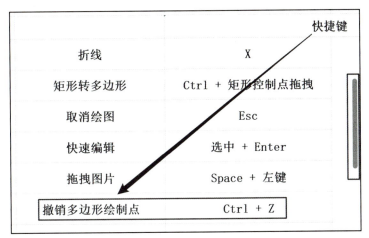

图 2-8 修改框和点

4. 上下边界点标记方式

采用顺时针方向，以上边界第一点为上边界点，下边界第一点为下边界点，利用4点画框法工具自动添加上下边界点，大于4点的框则需要手动添加上下边界点。

2.3.3 框的属性列表

框的属性说明如表 2-2 所示。

表 2-2 框的属性说明

序号	属性	说明	是否转写文本
1	horizontal	中英横（横向文字）	是
2	smear-horizontal	涂抹横	否
3	vertical	中英竖（纵向文字）	是
4	smear-vertical	涂抹竖	否
5	not-care	模糊（无法辨识、拼音、音标、笔顺）	否
6	sketch	涂鸦	否
7	table	表格	否
8	formula	公式	否
9	plotter	坐标	否
10	diagram	流程图+示意图	否
11	other-language	其他语种	否

注：对于图片中个别文字为非正向的文本框，属性标注为 not-care（模糊）。

2.3.4 学生自我学习单

学生姓名			学习时长	
学习任务名称				
学习环境要求				
搜集资讯方式及内容				
典型工作过程				
典型工作实施困难				
学习收获				
存在问题				

2.3.5　学习评价表

学习任务				日期	
典型工作过程描述					
任务序号	检查项目	检查标准	学生自查	组长检查	教师检查
检查评价	班级			姓名	
	组长签字			教师签字	
	整体评价等级				
	评语				

任务4 学习文本行画框要求和案例

2.4.1 紧致画框

文本框应紧贴文字的外包络线，尽量包含当前行文字的所有笔迹，但是不能包含其他行的文字笔迹，如图2-9所示。

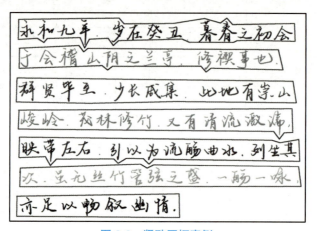

图 2-9 紧致画框案例

2.4.2 分开画框

同行文字间距大的需要分开画框，不要合并成一个框，如图2-10所示。

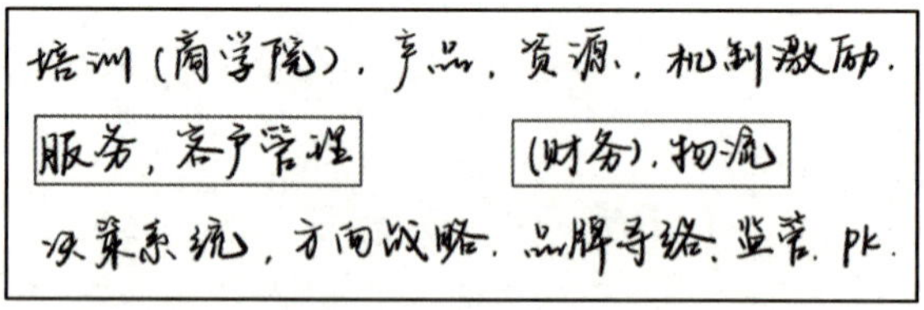

图 2-10 分开画框案例

2.4.3 涂抹处理

（1）当前文本行中存在个别涂抹文字时，对整个文本行画框，剔除涂抹部分进行转写；再将涂抹的文字笔迹单独画框，并标注涂抹属性，但无须转写，如图2-11所示。

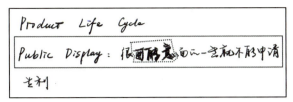

图 2-11 涂抹处理案例 1

（2）若遇到整行文字都被涂抹覆盖，则将整行文字框起来，标注为涂抹属性，文字无须转写，如图 2-12 所示。

图 2-12 涂抹处理案例 2

（3）若涂抹占据了多行文字，可以将每行文字没有涂抹的部分单独画框并转写，然后将涂抹部分（虚线框）的笔迹画框，并标注为涂抹属性，如图2-13所示。

图 2-13 涂抹处理案例 3

（4）有些文本行的文字的笔画会重复多次，导致文字出现重影，可以将这些文字画框，并标注为涂抹属性（虚线框部分），如图 2-14 所示。

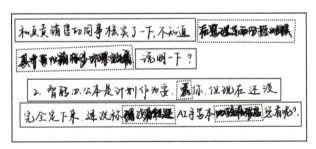

图 2-14 涂抹处理案例 4

（5）大块实心的黑色笔迹墨块应画框，并标注为涂抹属性，如图 2-15 所示。

图 2-15　涂抹处理案例 5

2.4.4 非文字处理

对于文字周围的非文字标记笔迹,如下画线、插入符、三角强调符号、圆圈等的处理方式如下。

(1) 遇到文字周围有圆形、方形或下画线等非文字标记笔迹时,应该将文字部分单独框出,将标记部分的笔迹排除在外,如图 2-16 所示。

图 2-16　非文字处理案例 1

(2) 如果无法将全部非文字的笔迹排除在外,则该规则可稍微放宽,允许部分非文字笔迹进入框内,如图 2-17 所示。

(3) 如遇到非文字标记的笔迹跨越多行的情况,则文本行照常画框标注,按照上一条标准处理,如图 2-18 所示。

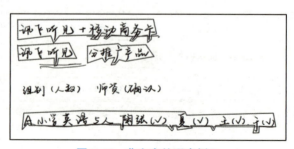

图 2-17　非文字处理案例 2

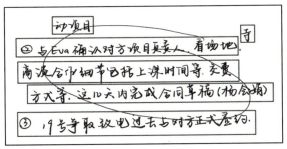

图 2-18 非文字处理案例 3

2.4.5 插入文字

插入文字应当单独画框(虚线框部分)并转写,如图 2-19 所示。

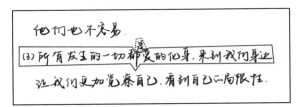

图 2-19 插入文字案例

2.4.6 纵向文字排版

纵向文本的标注标准与横向文本的要求一致,只是文字要求是竖着写的,属性需要标注为vertical,对于纵向文字中的涂抹,要单独画框,并标注为smear-vertical,如图2-20所示。

2.4.7 箭头符号的处理

(1)文本行之间的指向箭头不画框标注,如图2-21所示。
(2)对于文本行内部的指向箭头,可以当作文本行的一部分,和其他文字一起画框转写,如图 2-22 所示。

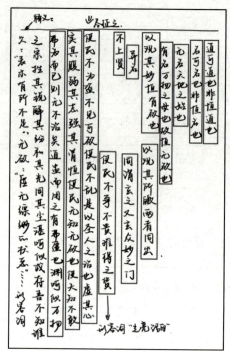

图 2-20　纵向文字排版案例

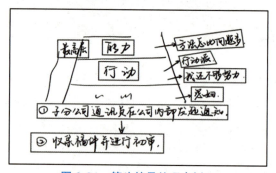

图 2-21　箭头符号处理案例 1

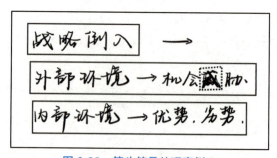

图 2-22　箭头符号处理案例 2

（3）跨行的符号（如大括号、指向箭头等）无须画框，如图2-23所示。

（4）存在略写（同上）符号的文本行，应将略写（同上）符号排除在文本之外，如图2-24所示。

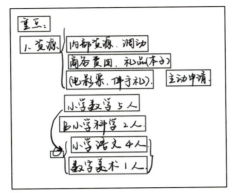

图 2-23　箭头符号处理案例 3

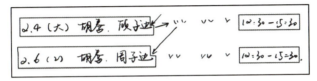

图 2-24　箭头符号处理案例 4

（5）前后无文字的下画线或下画线上有文字，下画线可忽略不框；前后有文字且下画线上无文字，下画线需要标注一个即可。

2.4.8　涂鸦的处理

（1）涂鸦的笔迹要画框并标注涂鸦属性，且以连续涂鸦笔迹为单位单独画框，如图2-25中的虚线框。

图 2-25　涂鸦处理案例 1

（2）如图 2-26 中的艺术字，应当标注涂鸦属性。

图 2-26　涂鸦处理案例 2

2.4.9　流程图的处理

将流程图或示意图（如手绘地图、逻辑图、指示图等）所在的框线和文字放在一起，画一个大框并标注属性为流程图，表明这些笔迹共同组成了流程图，如图2-27中的虚线框所示，然后将每一行文字单独画框并转写。

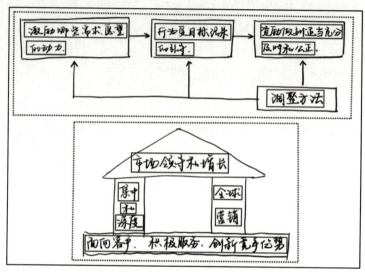

图 2-27　流程图处理案例

2.4.10　坐标图的处理

对于数学坐标图（如x-y坐标、极坐标等），如图2-28所示，虚线框为坐标属性，划线框为公式属性，均不需要转写。

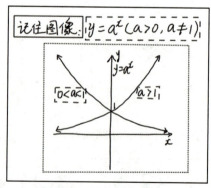

图 2-28　坐标图处理案例

2.4.11　表格的处理

将表格图所在的框线和文字放在一起，画一个大框并标注属性为表格，表明这些笔迹共同组成了表格（虚线框部分），然后，将每一行文字单独画框并转写，如图2-29所示。

图 2-29　表格处理案例

2.4.12　公式的处理

要保证公式完整性可按行画框并标注属性，无须转写，如图 2-30 中的虚线框所示。

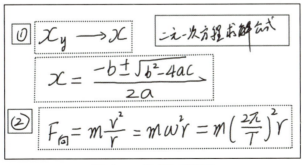

图 2-30　公式处理案例

2.4.13 学生自我学习单

学生姓名			学习时长	
学习任务名称				
学习环境要求				
搜集资讯方式及内容				
典型工作过程				
典型工作实施困难				
学习收获				
存在问题				

2.4.14 学习评价表

学习任务				日期	
典型工作过程描述					
任务序号	检查项目	检查标准	学生自查	组长检查	教师检查
检查评价	班级		姓名		
	组长签字		教师签字		
	整体评价等级				
	评语				

作业与练习

一、如何理解文本标注的概念？

二、文本标注有哪些具体应用？

三、手写文本数据标注工作可以分为哪几个步骤？

四、在手写文本数据标注中，哪些情况可以标注为坏数据？

五、根据手写文本数据标注规范及画框规范，对图1～图8所示图片进行标注练习。

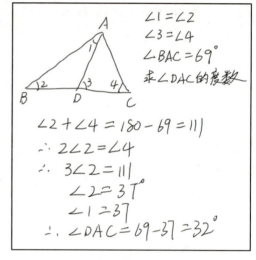

图1　　　　　　　　　　　图2

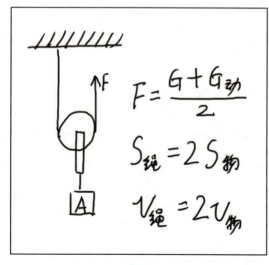

图3　　　　　　　　　　　图4

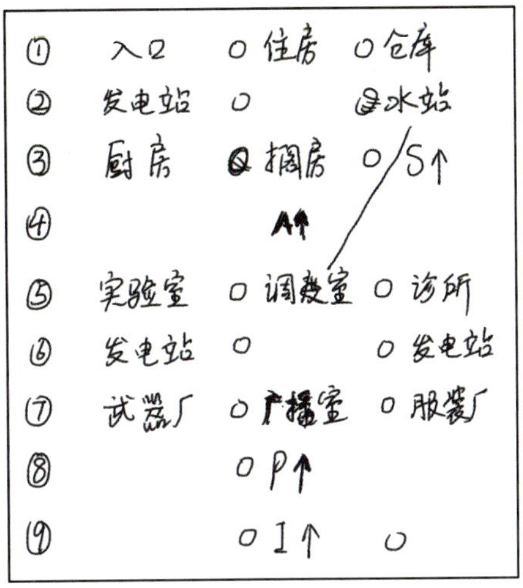
① 入口 o住房 o仓库
② 发电站 o o水站
③ 厨房 o捆房 o/S↑
④ A↑
⑤ 实验室 o调教室 o诊所
⑥ 发电站 o o发电站
⑦ 武器厂 o广播室 o服装厂
⑧ oP↑
⑨ oI↑ o

图5

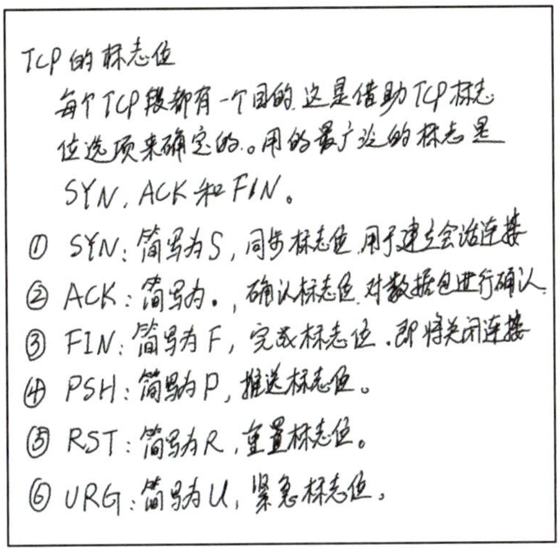
TCP的标志位
每个TCP段都有一个目的，这是借助TCP标志位选项来确定的。用的最广泛的标志是SYN，ACK和FIN。
① SYN：简写为S，同步标志位，用于建立会话连接
② ACK：简写为.，确认标志位，对数据包进行确认
③ FIN：简写为F，完成标志位，即将关闭连接
④ PSH：简写为P，推送标志位。
⑤ RST：简写为R，重置标志位。
⑥ URG：简写为U，紧急标志位。

图6

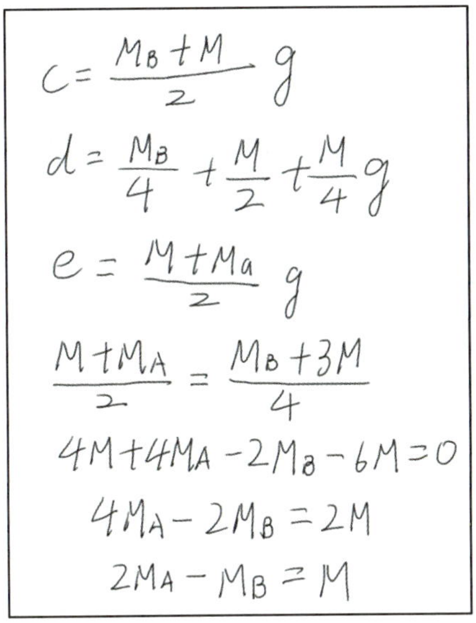
$$c=\frac{M_B+M}{2}g$$
$$d=\frac{M_B}{4}+\frac{M}{2}+\frac{M}{4}g$$
$$e=\frac{M+M_A}{2}g$$
$$\frac{M+M_A}{2}=\frac{M_B+3M}{4}$$
$$4M+4M_A-2M_B-6M=0$$
$$4M_A-2M_B=2M$$
$$2M_A-M_B=M$$

图7

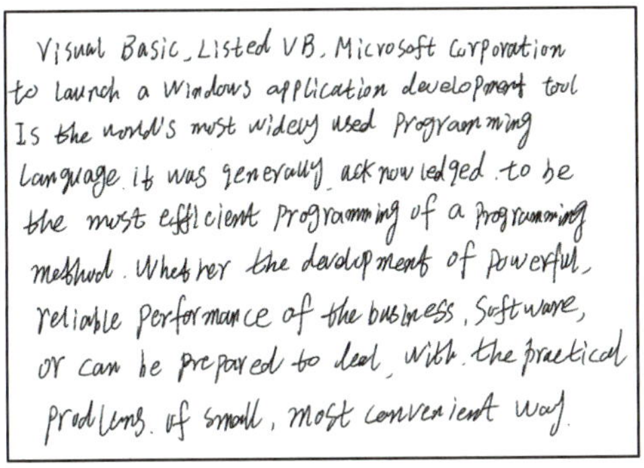
Visual Basic, Listed VB, Microsoft Corporation to launch a Windows application development tool Is the world's most widely used Programming Language it was generally acknowledged to be the most efficient programming of a programming method. Whether the development of powerful, reliable performance of the business, Software, or can be prepared to deal with the practical problems of small, most convenient way.

图8

项目3　图像数据标注

ppt：图像数据标注

视频二维码：图像数据标注-抠图圣手新题型基本操作

项目场景

"图像数据标注"项目旨在为机器学习算法提供高质量的图像标注数据，以支持目标检测、图像分类、图像分割等任务。通过标注大量图像数据，提高模型训练的准确性和泛化能力。

本项目的数据来源于公共图像数据集和客户提供的私有数据集。根据具体任务需求，标注内容主要涉及自动驾驶图像的17类道路及两旁的信息标注，分别为：路边杆状物、栏杆、树干、建筑、墙、待转区、禁停区、减速带、人行道、停止线、停车让行线、减速让行线、警示振荡线、车道线、道路箭头、道路可通行区域、停车位等。以目标检测任务为例，需要标注出图像中物体的位置和类别等信息。

本项目将使用"抠图圣手"图像标注工具进行数据标注，该工具支持多种标注方式，包括手动标注和半自动标注等，可根据需求选择合适的标注方式。同时，该工具还提供了数据质量检查功能，以确保标注质量。

任务1　认识图像数据标注

3.1.1　什么是图像标注

图像标注和视频标注按照数据标注的工作内容可以统称为图像标注，因为视频也是由图像组成的（1秒的视频包含25帧图像，每1帧都是1张图像）。现实应用场景中，常常应用到图像数据标注的有人脸识别和自动驾驶车辆识别等。例如自动驾驶，汽车在自动行驶时，如何识别车辆、行人、障碍物、绿化带，甚至是天空呢？

图像标注不同于文字标注，因为图像包括形态、目标点、结构划分，仅凭文字进行标记是无法满足数据需求的。所以，图像的数据标注需要相对复杂的过程，数据标注人员需要对不同的目标用不同的颜色进行轮廓标记，然后对相应的轮廓标注标签，用标签来概述轮廓内的内容，以便让模型能够识别图像的不同标记物。图像标注的示例如图3-1人物图像标注所示。

图 3-1 人物图像标注

图像标注的方法有人工数据标注、自动数据标注和外包数据标注。人工数据标注的优点是标注结果比较可靠，自动数据标注一般都需要二次复核，避免数据错误，外包数据标注很多时候会面临数据泄密与流失风险。

常规的图像数据标注标签的方法与流程如图 3-2 所示。

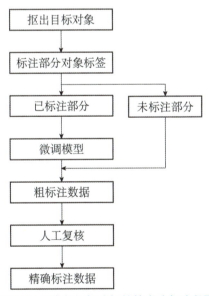

图3-2 图像数据标注标签的方法与流程图

3.1.2 图像标注应用领域

例如，把一幅 18 像素×18 像素的图片当成一串 324 个数字的数列。为了更好地操控输入的数据，不妨把神经网络扩大到 324 个输入节点。第一个输出预测图片是"6"的概率,第二个则输出预测不是"6"的概率。也就是说,这样就可以依据多种不同的输出,应用神经网络把要识别的物品进行分组。

先对大批的"6"和非"6"图片进行标注,相当于明确告诉它,判定为"6"的图片是"6"的概率是100%,不是"6"的图片其概率为0;对应的非"6"的图片,明确告诉它,输入的图片是"6"的概率为0,不是"6"的概率是100%。

可以利用计算机用几分钟的时间训练这种神经网络。训练完成后,便可以得到一个对"6"图片有着很高的识别率的神经网络,具体图像标注类别如表3-1所示。

表 3-1 图像标注类别

车辆车牌标注	拉框标注;切割标注 AI 车牌识别云服务 智慧路灯伴侣云平台
人像识别标注	人脸关键点的标注;240 个人脸关键点位标注 模糊人脸识别分析+精确人像对比二合一应用
医疗影像标注	医疗影像技术发展还不够成熟,进入门槛较高 AI 前列腺癌诊断

3.1.3 车牌号框图标注规范

(1)车牌号码中,只要能够看清楚一个数字、字母或者文字的车牌就需要标记,只要是车牌信息的都要标记(如临时车牌信息),不管其位置在哪(有些可能喷在车身)。

(2)车牌中的数字/字母/文字全部看得清楚,则需要标记。

(3)车牌中的数字/字母/文字至少有一个看得清楚,则需要标记,如图3-3所示。

(4)车牌中的数字/字母/文字没有一个可以看得清楚,则不需要标注。

(5)仅框车牌的部分,不要框大。

(6)车辆编码不是车牌号,不需要标注。

图3-3 车牌标注示例

3.1.4 人脸框图标注规范

人脸（鼻子、眼睛、嘴，不包括耳朵）只要能够看清楚一个器官就标记，侧面的也要标记。注意：框的是脸而不是头部，不需要框头发，耳朵也不用框，具体如图3-4所示。

图3-4 人脸标注正确示例

（1）鼻子、眼睛、嘴全部清晰可见的，则需要标记。
（2）侧面只要能够看清楚一个器官的（如鼻子、眼睛、嘴），也需要标注。
（3）脸部模糊或看不见，则不需要标注。
① 若人脸被遮挡，只标记非遮挡且看得清晰的部分。
② 若行人戴口罩，虽然嘴被遮挡，但是面部其他器官显示清晰的，则标记除嘴以外的其他器官。

3.1.5 医疗影像标注

1. 标注规范和要求

（1）标注内容包括：解剖部位或病变部位对应的点、线、面以及轮廓。例如，CT断层成像数据，需要根据病理特点，标注肺部边界轮廓，病理包括肺积液、肺实变、纤维化、肺结节等。
（2）部分已标注数据的准确性检查，如果不准确，则需要进行相应修正。
（3）标注人员一般是放射学、影像诊断、临床医学等相关专业工作者，熟悉CT或MR影像诊断、读片。

2. 医疗影像标注案例

（1）宫颈癌病理切片标注，如图3-5所示。

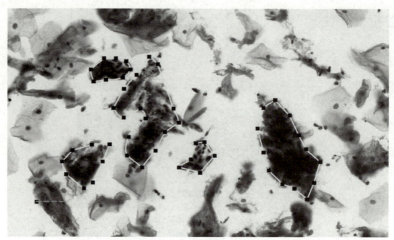

图 3-5 宫颈癌病理切片标注

（2）肋骨骨折 CT 标注，如图 3-6 所示。

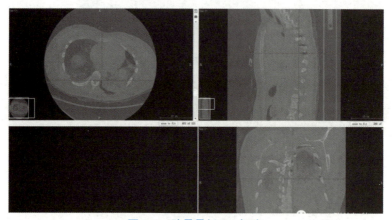

图 3-6 肋骨骨折 CT 标注

（3）肺结节病理标注，如图 3-7 所示。

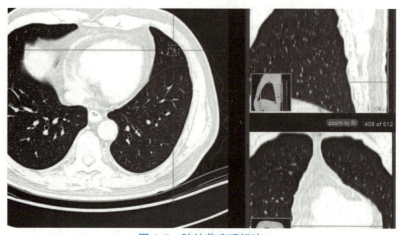

图 3-7 肺结节病理标注

3.1.6 学生自我学习单

学生姓名		学习时长	
学习任务名称			
学习环境要求			
搜集资讯方式及内容			
典型工作过程			
典型工作实施困难			
学习收获			
存在问题			

3.1.7 学习评价表

学习任务				日期	
典型工作过程描述					
任务序号	检查项目	检查标准	学生自查	组长检查	教师检查
检查评价	班级		姓名		
	组长签字		教师签字		
	整体评价等级				
	评语				

任务2　了解图像数据标注工具

主流的图像标注软件有十多款,其中 Labelme 在前面已有介绍,本项目任务主要以"百度众测"平台中实际的自动驾驶标注任务为导向进行图像标注的学习。

3.2.1　抠图圣手平台登录

1. 打开"百度众测"图像标注平台

用百度搜索"百度众测"官网(推荐使用谷歌浏览器登录),如图 3-8 所示。

图 3-8　百度众测登录界面

2. 登录/注册百度账号

单击右上角的"登录"按钮,登录自己的百度账号,如图 3-9 所示;如没有百度账号,则单击右上角的"注册"按钮,注册一个账号即可,如图 3-10 所示。

也可以直接通过百度 App 或百度网盘扫码登录,如图 3-11 所示。

图 3-9　百度众测众包任务平台

图 3-10　百度账号登录/注册　　　　　图 3-11　百度 App 扫码登录

登录之后可以看见自己的账号名称，但页面还是没有改变，此时需要关闭网页重新复制链接打开，登录信息不变，但页面已经切换至标注页面，如图 3-12 所示。

图 3-12　百度众测任务页面

向下滚动页面可以看见项目指南,主要是钊对这个项目所形成的操作规范及操作指导,如图 3-13 所示。

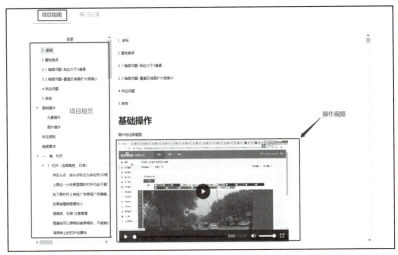

图 3-13　项目指南和项目规范

3.2.2　抠图圣手标注流程

(1) 单击"开始练习"按钮进入项目,可以看到项目具体图像和标注要素,如图 3-14 所示。图像标注界面包括项目提示、标注属性栏、工具栏、标注图片。

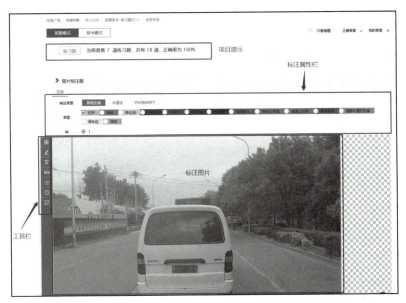

图 3-14　图像标注界面

(2) 单击"帮助说明"按钮可以查看快捷键的使用说明,如图 3-15 所示。
- 移动画布:[空格]。

- 放大缩小画布：[中键滚动]。
- 取消当前绘制：[Esc]。
- 向上微调：[↑]。
- 向下微调：[↓]。
- 向右微调：[→]。
- 向左微调：[←]。
- 绘制框：[单击开始，再次点击闭合]。
- 分割框：[框内右键盘闭合]。
- 绘制点：[单击绘制]。
- 线/区域：[单击/长按左键]。

图 3-15　帮助界面

（3）选取图片后，可通过鼠标左键对图片类可标注物进行标注，如图 3-16 所示。

图 3-16　线杆绿色框标注

（4）标注完毕后单击标注区域，选择属性。不同区域的标注框颜色不同，属性也不同，如图3-17所示。

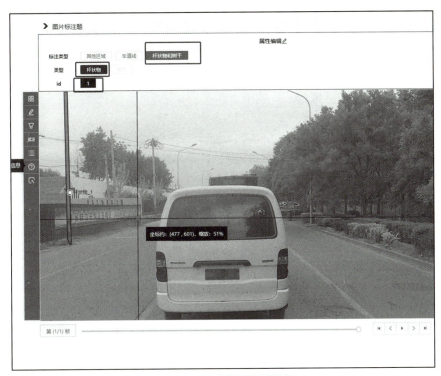

图3-17　标注界面属性选择

（5）将图中所有可标注物标注完成后，可以提交进行验证，如图3-18所示。

图3-18　图片标注验证提交

3.2.3 抠图圣手操作说明

1. 基础操作

- 多标。
- 属性错误。
- 精度问题——贴边大于 3 像素。
- 精度问题——覆盖区域需扩大或缩小。
- 共边问题。
- 其他。

2. 元素操作

- 单击选中元素，再次单击则取消。
- 按住 Ctrl 键可多选元素。
- 双击编辑元素可改变大小。
- 元素只有处于选中状态时才能进行拖曳操作。

3. 图片操作

- 利用鼠标滚轮可进行缩放图片。
- 利用 Alt+拖曳可以移动底图。

3.2.4 图像标注规则

1. 自动驾驶的道路图像语义分割

使用单帧图像数据，对以下 17 类图像进行标注：路边杆状物、栏杆（含隔离桩、石墩）、树干、建筑、墙、待转区、禁停区、减速带、人行道、停止线、停车让行线、减速让行线、警示振荡线、车道线、道路箭头、道路可通行区域、停车位。

2. 限制

树干、杆状物短的一边少于 5 像素的可不标，贴边要求精度误差在 3 像素以内。

3. 精度要求

精度要求较高，贴边误差要求在 3 像素以内，否则标注为坏数据。

3.2.5 学生自我学习单

学生姓名		学习时长	
学习任务名称			
学习环境要求			
搜集资讯方式及内容			
典型工作过程			
典型工作实施困难			
学习收获			
存在问题			

3.2.6 学习评价表

学习任务				日期	
典型工作过程描述					
任务序号	检查项目	检查标准	学生自查	组长检查	教师检查
检查评价	班级		姓名		
	组长签字		教师签字		
	整体评价等级				
	评语				

任务3　标注马路栏杆

视频二维码：图像数据标注-路面、草地、建筑、人、车标

3.3.1　道路两侧及对向车道中间栏杆的标注

因道路施工设置的临时路障存在尖点，应将尖点标注为多边形2D框，如图 3-19 所示。

图 3-19　多边形2D框标注

3.3.2　栏杆中广告牌或广告横幅的标注

如果栏杆上挂有广告牌或广告横幅，应正常标注，如图 3-20 中的红色框所示。

图 3-20　有广告牌或广告横幅的栏杆标注

3.3.3 栏杆上有植物的标注

如果栏杆上有植物,则应正常标注,如图 3-21 中的红色框所示。

图 3-21　有植物的栏杆标注

3.3.4 不同区域栏杆的标注

隔离桩如果是分开的,则要单根标注;否则合在一起标注,如图 3-22 所示。

图 3-22　不同区域栏杆标注

3.3.5 高架桥上的栏杆标注

(1) 高架桥上的栏杆,需要按图 3-23 所示的绿色轮廓标注。

图 3-23　高架桥栏杆标注

(2) 扶手+支撑扶手的水泥墙,无论多高,都要标注,注意标的区域,如图 3-24 所示的绿色区域标注是正确的,不要再往下标到突出的地面部分,也不要只标扶手。

图 3-24　高架桥水泥墙标注

(3) 扶手+支撑扶手的水泥墙,如图 3-25 中的绿色区域所示,标注时都要标成一体,标注类型为栏杆。

图 3-25　带扶手的水泥墙标注

3.3.6　学生自我学习单

学生姓名		学习时长	
学习任务名称			
学习环境要求			
搜集资讯方式及内容			
典型工作过程			
典型工作实施困难			
学习收获			
存在问题			

3.3.7　学习评价表

学习任务				日期	
典型工作过程描述					
任务序号	检查项目	检查标准	学生自查	组长检查	教师检查
检查评价	班级		姓名		
	组长签字		教师签字		
	整体评价等级				
	评语				

任务4　标注路边的墙类建筑

3.4.1　围墙上的栏杆标注

（1）围墙上的栏杆要按照整体轮廓标注，标注类型为墙体，如图 3-26 中的红色框所示。

图 3-26　围墙上的栏杆标注 1

（2）米色墙体和黑色栏杆都标注为墙体，整体标注即可，如图 3-27 中的红色框所示。

图 3-27　围墙上的栏杆标注 2

3.4.2 施工工地围挡和广告立体墙标注

（1）施工工地围挡要标注为墙体，如图 3-28 中的红色框所示。

图 3-28　施工工地围挡标注

（2）广告立体支架墙不用标注为墙体。如图 3-29 中的红框区域指的是用支架架起来的广告墙，不是混凝土墙，不需要标注。

图 3-29　广告立体支架墙标注

3.4.3 高架桥标注

（1）高架桥侧面不算墙，不需要标注，如图 3-30 中的两个箭头所指部分不需要标注。

图 3-30 高架桥侧面标注

（2）高架有防护栏，要标注为栏杆，如图 3-31 中的两个箭头所指部分都标注为栏杆。

3.4.4 被遮挡的墙标注

（1）墙被树木等遮挡时，要分情况标注。

如图 3-32 所示，左边箭头所指墙体露出了至少一条边，需要标注，右边两个箭头所指墙体没有露出任意一边，无须标注。

图 3-31 高架的防护栏标注

图 3-32 被遮挡的墙标注

（2）墙被小于 4 像素的杆状物截断，可标注为整体。

如图 3-33 所示，这块墙有露出一边，需要标注，虽然中间有两根细树枝遮挡了墙体，但根据判断，细树枝小于 4 像素，可进行整体标注，不需要绕开。

图 3-33 被杆状物截断的墙标注

3.4.5 墙上或墙下有植物标注

如果墙下有植物，则需要绕过该植物进行标注。如图 3-34 中箭头所示是正确的标注方法。

图 3-34 墙下有植物的墙标注

3.4.6 学生自我学习单

学生姓名		学习时长	
学习任务名称			
学习环境要求			
搜集资讯方式及内容			
典型工作过程			
典型工作实施困难			
学习收获			
存在问题			

3.4.7 学习评价表

学习任务				日期	
典型工作过程描述					
任务序号	检查项目	检查标准	学生自查	组长检查	教师检查
检查评价	班级		姓名		
	组长签字		教师签字		
	整体评价等级				
	评语				

任务5 标注路边杆状物

3.5.1 路边杆状物的标注要求

路边杆状物的标注包括灯杆、路牌杆、路灯杆、交通灯杆等,按实际形状标注杆的竖直部分,横向部分不予标注。

(1)标注时尽量覆盖所有竖直部分,去掉横向部分细长类杆状物和树干,短的那条边小于5像素的无须标注,后台设置标到横向部分就停止,如图3-36所示。

图3-36 灯杆标注1

(2)只标注竖直的部分,如图3-37所示。

图3-37 灯杆标注2

3.5.2 颜色一致杆子的标注

（1）在单边横杆情况下，如果颜色一致，则需要标注到顶部，图3-38中标注错误，图3-39中标注正确。

图 3-38 错误示例

图 3-39 正确示例

（2）红绿灯后面绿框区域，颜色和下面杆子一致，需要标注到头，要像图3-39一样标注。如果这块颜色不一致，例如和红绿灯的这块颜色差不多，就无须标注，如图3-40所示。

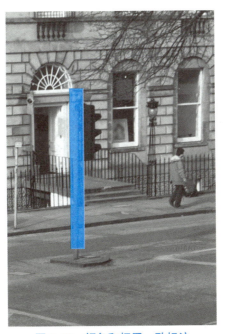

图 3-40 颜色和杆子一致标注

（3）判断杆子是不是一体的，并不是只看颜色，例如图3-41中的杆子虽然颜色有所不同，但整体都是杆子，所以按照如图3-41所示进行标注。

图 3-41　杆子一体标注

3.5.3　被物体截断杆子的标注

（1）被某些大于4像素的物体截断的杆子，需要标注截断后还能看到的上下所有杆子的部分，如图3-42所示。

图 3-42　被物体截断杆子的标注

（2）杆状物被低于 4 像素的细物遮挡，可忽略细物直接画框，如图 3-43 所示的绿框、粉框。

图 3-43　杆状物被低于 4 像素细物遮挡

（3）遮挡物小于 4 像素，可按图 3-44 所示的标注即可。

（4）遮挡严重的（如遮挡了 90%）不用标注，如图 3-45 所示，红框里不需要标注。

图 3-44　遮挡物小于 4 像素

图 3-45　遮挡严重的杆子

3.5.4　重叠杆子的标注

注意杆子重叠时，要分开标注。图 3-46所示是一根粗杆子和一根细杆子，因为拍摄角度叠加了，要分开标注，但因为细杆子不足 5 像素，所以只标粗杆子，不可以把两个杆子标注在一起。右边有一个细的杆子，不足 5 像素，所以无须标注。

图 3-46　重叠杆子的标注

3.5.5 有底座交通杆子的标注

(1) 有底座的交通杆只要标注杆子部分,底座不标注,如图 3-47 中的左图标注错误,右图标注正确。

图 3-47　底座交通杆子标注

(2) 如果底座和栏杆是一个整体的,则需要标注栏杆,如图 3-48 所示。

图 3-48　底座和栏杆一个整体标注

(3) 无须标注的杆子,介绍如下。
① 天桥下的排水管不用标注,柱子也不需要标注,如图 3-49 所示。

图 3-49　天桥下的排水管

② 收费站的杆子不需要标注，如图 3-50 所示。

图 3-50　收费站的杆子

3.5.6　特殊红绿灯杆子标注

特殊红绿灯杆子需要标注，从下往上标注到黄色箭头位置。梯形杆子，上面小于 5 像素，下面大于 5 像素，需要从下到上标注到顶端，如图 3-51 所示。

图 3-51 特殊红绿灯杆子标注

3.5.7 树干标注

(1) 树干指树地面部分除了树冠以外的其他区域,不包括分叉,如图 3-52 所示。

图 3-52 树干标注

(2) 树干不包含分叉部分,只要红框内的部分即可,如图 3-53 所示。

图 3-53 树干不包含分叉部分

（3）目测都是分叉的树枝，不需要标注，如图3-54所示。

图3-54 树枝不需标注

（4）支撑树的杆子不需要标注，如图3-55所示。

图3-55 支撑树的杆子不需要标注

3.5.8　学生自我学习单

学生姓名		学习时长	
学习任务名称			
学习环境要求			
搜集资讯方式及内容			
典型工作过程			
典型工作实施困难			
学习收获			
存在问题			

3.5.9 学习评价表

学习任务				日期	
典型工作过程描述					
任务序号	检查项目	检查标准	学生自查	组长检查	教师检查
检查评价	班级			姓名	
	组长签字			教师签字	
	整体评价等级				
	评语				

任务6　学习地面印刷物标注规范

地面印刷物包括待转区、禁停区、减速带、人行道、停止线、车道线、道路箭头、停车让行线、减速让行线、振荡标线。对于车道线和地面印刷物的标注以实际看到的印刷线为主，只有禁停区除外，由于大量的禁停区内的网格太过密集，所以必须整体区域标注。

3.6.1　车道线-实线和车道线-虚线的标注

车道线：分为实线和虚线两个独立标签，不区分颜色。所有双线都按照两个单线标注。

（1）对于虚线和实线，要按照实际标框，如图3-56所示，但同一条车道线要有统一的编号。如果有多条车道线，每一条要统一标注一个id，规则里其他的分类不需要标注id。

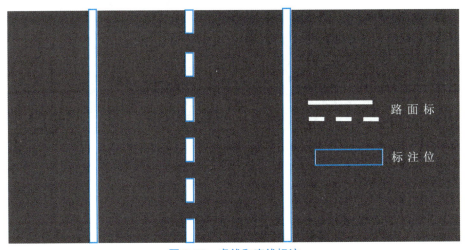

图 3-56　虚线和实线标注

（2）左右多条虚线需要分别标注序号，虚线如图 3-57 所示，左边和右边两条虚线，要分别编号。

（3）实线也需要标注序号，所有分类除了车道实线和车道虚线，其他分类都不用标注序号，按图 3-58 上从右到左顺序从1开始编号。

（4）实线按实线的顺序编号，虚线按虚线的顺序编号，实线和虚线的编号互相独立，如图 3-59 所示。

图 3-57 左右多条虚线

图 3-58 多条实线标注

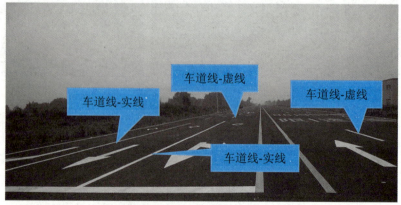

图 3-59 实线和虚线的编号独立标

3.6.2 停止线标注

（1）普通的车道前停止线，不包括停车让行线和减速让行线，应如图 3-60 所示标注。

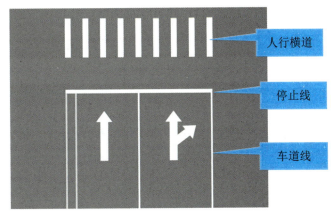

图 3-60 普通的车道前停止线

（2）普通停止线，即水平双实线，应如图 3-61 所示标注。

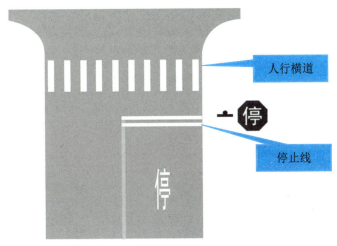

图 3-61 水平双实线标注

（3）停车让行线，即水平双虚线，应如图 3-62 所示标注。

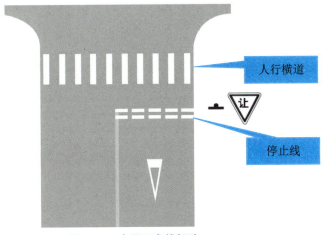

图 3-62 水平双虚线标注

（4）减速让行线：停止线指的是车前面的线，如果有延伸到栏杆前面的，则标注为车道线。这一段虽然是左边停止线延伸过来的，但并不展示在车前，故不标停止线，标车道实线，如图 3-63 所示。

图 3-63　减速让行线标注

（5）人行道。人行道分如下几种情况。

① 普通人行横道。

分割时以每根白线的边界进行分割标注，不以人行横道的整体边界进行标注，人行道如果模糊了，则不需要标注，如图 3-64 所示。

图 3-64　普通人行横道

② 3D 立体的人行横道。

如有 3D 立体的人行横道，要全部标注，如图 3-65 右边蓝框所示。

图 3-65　3D 立体的人行横道标注

3.6.3　待转区的标注

（1）待转区车道线的分割标注：标注见图3-66中红框，要单个短实线分开标注。

图 3-66　待转区的标注1

（2）待转线如果可以单根标注，则一定要单根标注；如果距离较远无法分开标注，则能分开的要分开标注，不能分开的则合在一起标注。

如图 3-67 中几个待转线要分开标注，箭头所指的待转线可以一起标注。

如果距离较远，就整体一起标注，如图 3-68 所示。

图 3-67　待转线标注2

图 3-68　待转线标注3

3.6.4　禁停区的标注

（1）标注禁停区印刷标记整体区域，如图 3-69 所示。

图 3-69　禁停区印刷标记区域

（2）禁停区如果和车道线重叠，两者都需要标注，如图 3-70 所示。

图 3-70　禁停区如果和车道线重叠标注

3.6.5　减速带的标注

减速带为一个圆形凸起区域，均为 6～10cm 高，是一种常用的减速装置，其标注示例如图 3-71 所示。

图 3-71　减速带的标注

3.6.6　道路箭头的标注

道路箭头包括直行、转弯、掉头等，标注外形轮廓，按尖点标注，如图 3-72 所示。

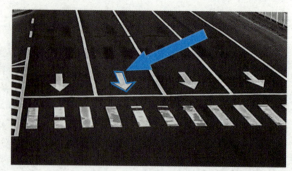

图 3-72 道路箭头的标注

3.6.7 停车让行线的标注

停止牌前的停车让行线,表现形式为水平双实线,其标注示例如图 3-73 所示。

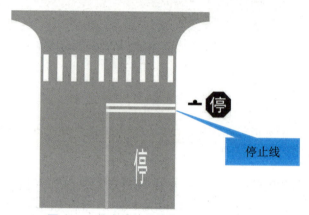

图 3-73 停车让行线的标注

3.6.8 减速让行线的标注

让行牌前的减速让行线,表现形式为水平双虚线,其标注示例如图 3-74 所示。

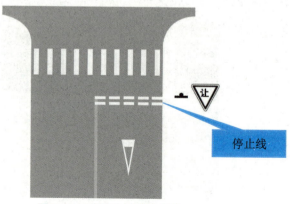

图 3-74 减速让行线的标注

3.6.9 振荡标线的标注

（1）其外形呈凹凸型，基底加突起部分高度为 5～7mm，主要设置于主线收费广场、匝道出入口、山岭重丘区、连续急转弯路段、下坡路段、高速公路终点处（高速公路出口与一般公路的平面交叉处）、企事业单位和学校门口减速区域，要分开逐条地标注，如图 3-75 所示。

图 3-75　振荡标线的标注

（2）减速带需单个标注，振荡标线需标注实际看到的单个标线，如图 3-76 所示。

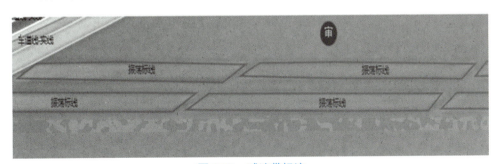

图 3-76　减速带标注

3.6.10 学生自我学习单

学生姓名			学习时长	
学习任务名称				
学习环境要求				
搜集资讯方式及内容				
典型工作过程				
典型工作实施困难				
学习收获				
存在问题				

3.6.11 学习评价表

学习任务				日期	
典型工作过程描述					
任务序号	检查项目	检查标准	学生自查	组长检查	教师检查
检查评价	班级			姓名	
	组长签字			教师签字	
	整体评价等级				
	评语				

任务7　学习道路可通行区域标注规范

3.7.1　连续道路可通行区域标注

有路缘石时,道路可通行区域为路缘石之间部分;没有路缘石时,以柏油路面或其他路面覆盖区域为准。不需要把车道线之类的地面印刷物标出来,需要覆盖在印刷物上(两个区域叠加,不需要共边),包括三里面的5-14小类里的所有地面印刷物、16小类里的停车位的线和中间区域。

路面需要标注为一个整体区域,不能由多个区域拼接而成,如图3-77所示。特别要注意的是,标注边缘区域时,为了让图片共边就按了Shift+C组合键,但其实会误操作把车道线抠出来。

图3-77　路面标成一个区域

3.7.2　栏杆下面的通行道路标注

(1)栏杆下面不是道路可通行区域,如图3-78所示,红色区域不需要标注。

图3-78　栏杆下道路标注

（2）可通行道路的边缘以栅栏底座边缘连成的线为界。如图 3-79 所示，以底座边界连线为界，红色区域为可通行区域。

图 3-79　可通行道路的边缘标注

3.7.3　不连续的道路通行区域标注

（1）如果不能保证路面通行区域是一个整体，那么在这个情况下可以分开标注，如图 3-80 所示。

图 3-80　不连续道路区域标注

（2）栏杆后的路面要仔细标注，如图 3-81 所示。

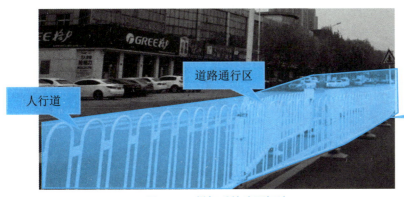

图 3-81　栏杆后的路面标注

（3）如果栏杆底座有遮挡，以底座与遮挡物交叉点为界来标注可通行区域。

① 无遮挡正确画法：切底座边，如图 3-82 所示。

图 3-82　栏杆底座无遮挡标注

② 遮挡情况下的正确画法：从底座与遮挡物交叉点开始，平行于车道线标注，如图 3-83 所示。

图 3-83　栏杆底座有遮挡标注

3.7.4　确定的通行区域标注

（1）加油站里有部分区域是车可以通行的，需要标注为地面通行区域，如图3-84所示。

图 3-84　加油站的通行区域标注

（2）道路上车能通行的区域都要标注为地面通行区域，不区分车道的方向，如图3-85所示。

图 3-85　车能开的通行区域

（3）车底下的通行路面需要贴边画，图3-86和图3-87分别展示了错误和正确的标注示例。

图 3-86　错误标注示例

图 3-87　正确标注示例

3.7.5　自行车道标注

（1）自行车道由花坛隔开，则不需要标注，如图 3-88 所示。
（2）自行车道和通行区域连在一起，则需要统一标注，如图 3-89 所示。

3.7.6　停车位的标注

（1）停车位的标注需要将停车位四边的线同时标注为"停车位"，将中间区域标注为"其他"，如图 3-90 所示。

图 3-88　花坛隔开的自行车道

图 3-89　通行区域相连的自行车道

图 3-90　停车位标注

(2)两个车位的标注法:红色区域标注"停车位",绿色区域标注"其他",如图 3-91 所示。

图 3-91　两个车位的标注法

(3)当停车位不闭合时,只需要标注停车位边线,如图 3-92 所示。

图 3-92　停车位不闭合标注

3.7.7　其他

对于一些俯视图,如果道路区域内有完全包含的车辆,则道路区域内的车辆区域需要单独标注为"其他",如图 3-93 所示。

图 3-93　道路区域内有完全包含的车辆

如果车辆不是完全包含在道路区域内的,同时也占据了一部分隔离栏或路面等,则不需要标注车辆区域,如图3-94所示。

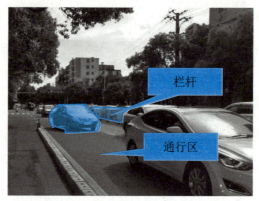

图 3-94　车不完全包含另一个区域

3.7.8 学生自我学习单

学生姓名		学习时长	
学习任务名称			
学习环境要求			
搜集资讯方式及内容			
典型工作过程			
典型工作实施困难			
学习收获			
存在问题			

3.7.9 学习评价表

学习任务				日期	
典型工作过程描述					
任务序号	检查项目	检查标准	学生自查	组长检查	教师检查
检查评价	班级		姓名		
	组长签字		教师签字		
	整体评价等级				
	评语				

作业与练习

一、请搜索人工智能对自动驾驶的影响和作用,并阐述自动驾驶技术的发展历程。

二、本项目介绍的自动驾驶标注共有几个类别?分别介绍这几种标注的用途。

三、图像标注的方法有多少种?市场上常用的图像标注工具或平台有哪些?

四、在图 3-95 中,利用已经学过的 Labelme 工具,根据自动驾驶的道路标注规范和要求,对(13 类)道路及两旁边事物进行标注。

图 3-95　作业图

五、进入百度、京东等标注平台,完成一项图像标注练习和项目。

项目4　拍照搜索标注

ppt：拍搜标注

视频二维码：拍搜标注-物理解答题

项目场景

随着大数据技术的不断发展，大数据技术得到了广泛的研究和应用，"拍照搜索标注"项目主要通过对页面进行拍照，将页面中的题目及相关内容检测出来。并对检测出来的题目以及相关答案内容进行识别，与此同时搜索类似的题目并返回相应的搜索结果。该项目需要标注题目框、题框、题号框、文本行框、答案框、图框、表框等。通过拍照搜索标注技术的应用提高了数据的处理效率和智能化程度。

任务1　学习数据集标注标准

4.1.1　拍照搜索标注数据需求

（1）需要标注题目框，来提取独立的题目信息，用于搜索类似题目。
（2）需要标注题型，每个基础题框对应一个题型。
（3）需要标注题目的文本行。
（4）需要标注题目的答案。

- 选择题即对应的 ABCD 或者 123。
- 填空题表示框内的有效答案（划掉的不标注）。
- 判断题表示对应的对错号。
- 应用题的答案表示为"答：XXXXX"，只标注这一段。

（5）特别要注意单框多标签。由于对于题目只有一行的情况，题干文本和题框可能重合，所以需要支持一个框多个标签，如图 4-1 所示。

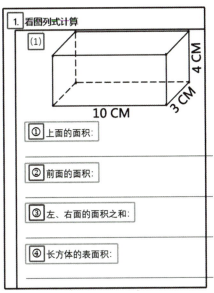

图 4-1　单框多标签

4.1.2　检测标注框类别

1. 题框

包含大题题框、单个小题题框。

- 选择题框：所有符合选择题特征的单个题目框，选择题是指给出多个选项，从选项中选取一个或多个选项。
- 判断题框：对于一段话或者一道题进行对错判断。
- 填空题框：在一段话中或者一段话末尾进行填空。
- 应用题框：一般分为很明显的题干和答案区域，在标注时，如果存在手写的答案，则应用题框应当包括答案区，为题干区域和答案区域构成的最小矩形。
- 口算题框：参考拍批文档定义的口算题，主要特征为只包含横、竖、拖、解的数字题，该题框标注时，只标注大题框，内部小题不标注，大题框内的中文文字说明等需要逐行单独标注为文本行框。
- 其他题框：如确实无法明确分辨的题目，可归类为其他题框。
- 题组框：当一个大题中，包含多个小题的时候，标注为题目组框，表示内部有多个题目。

2. 文本行框

对于任何一个题框中的题干区域的文本行，逐行标注为文本行框。

3. 答案

对于每一个题框，标注其答案框，一般都是单行的，只有应用题答案为多行时才标注

"答：XXXXXX"这一段。

4. 图框

对题目中的图进行画框，非题目中的图框不标注（例如练习册的标志、章节标识等）。

5. 表框

对题目中的表进行画框。

6. 题号框

单行中左侧为题号，一行中的多个题目的小题号不标注。

4.1.3 检测标注方式

标注框要紧贴被标注目标，标注框为任意四边形，标注准确率高于99%，如图4-2所示。

总体样例：未标注框和表框（说明）。

颜色说明：蓝色实线——题目组框，红色实线——填空题框，绿色实线——文本行框，黄色实线——答案框，灰色实线——题号框。

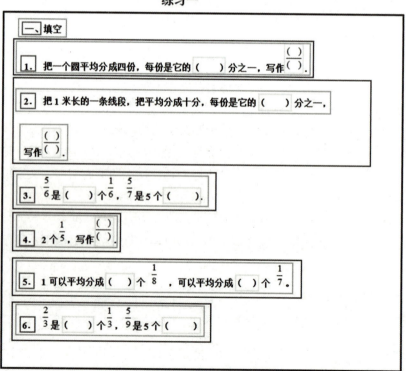

图4-2 标注框颜色分类

4.1.4　学生自我学习单

学生姓名		学习时长	
学习任务名称			
学习环境要求			
搜集资讯方式及内容			
典型工作过程			
典型工作实施困难			
学习收获			
存在问题			

4.1.5 学习评价表

学习任务				日期	
典型工作过程描述					
任务序号	检查项目	检查标准	学生自查	组长检查	教师检查
检查评价	班级		姓名		
	组长签字		教师签字		
	整体评价等级				
	评语				

任务2　标注检测框

4.2.1　题框

（1）选择题框标注如图4-3所示。

蓝色实线——题目组框，红色实线——选择题框，绿色实线——文本行框，黄色实线——答案框，灰色实线——题号框

图4-3　选择题框标注

（2）判断题框标注如图4-4所示。

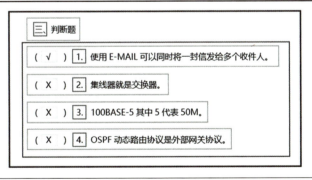

蓝色实线—题目组框，红色实线—判断题框，绿色实线—文本行框，黄色实线—答案框，灰色实线—题号框

图4-4　判断题框标注

(3)填空题框标注如图4-5所示。

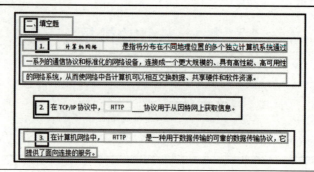

蓝色实线——题目组框,红色实线——填空题框,绿色实线——文本行框,黄色实线——答案框,灰色实线——题号框

图4-5 填空题框标注

(4)应用题框标注如图4-6所示。

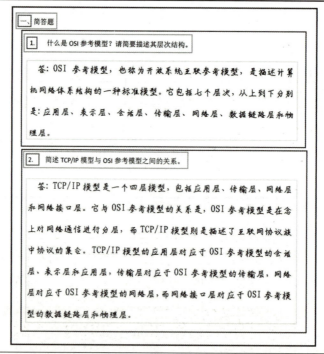

蓝色实线—题目组框,红色实线—应用题框,绿色实线—文本行框,黄色实线—答案框,灰色实线—题号框

图4-6 应用题框标注

（5）口算题框标注如图4-7所示。

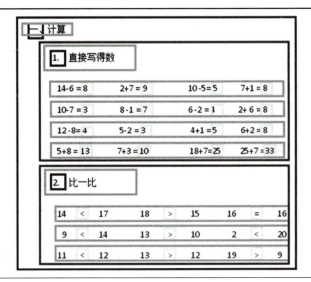

蓝色实线——题目组框，红色实线——口算题框，绿色实线——文本行框，黄色实线——答案框，灰色实线——题号框

图4-7　口算题框标注

（6）其他题框标注如图4-8所示。

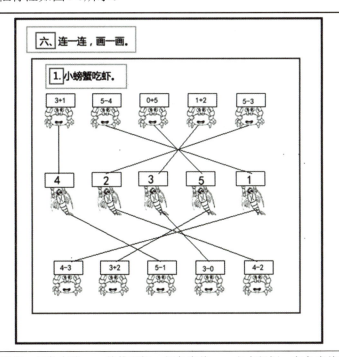

蓝色实线——题目组框，红色实线——其他题框，绿色实线——文本行框，灰色实线——题号框

图4-8　其他题框标注

4.2.2 文本行框

文本行框标注如图4-9所示。

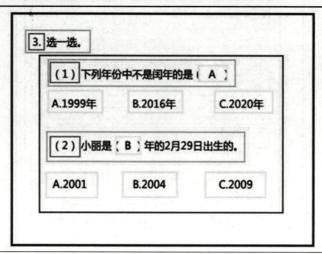

蓝色实线——题目组框，红色实线——选择题框，绿色实线——文本行框，黄色实线——答案框，灰色实线——题号框

图4-9　文本行框标注示例

4.2.3 答案框

答案框标注如图4-10所示。

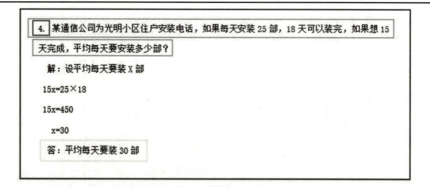

红色实线——题目组框，绿色实线——文本行框，黄色实线——答案框，灰色实线——题号框

图4-10　答案框标注示例

4.2.4 图框

图框标注如图4-11所示。

蓝色实线——题目组框，
红色实线——填空题框，
绿色实线——文本行框，
黄色实线——答案框，
灰色实线——题号框。
注意：图中的文本行需要以是否包含中文为基础

图4-11 图框标注示例

4.2.5 表框

表框标注如图4-12所示。

蓝色实线——题目组框，红色实线——表框，绿色实线——文本行框，黄色实线——答案框，灰色实线——题号框

图4-12 表框标注示例

4.2.6 题号框

题号框标注如图4-13所示。

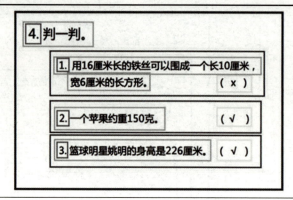

蓝色实线—题目组框，红色实线—判断题框，绿色实线—文本行框，黄色实线—答案框，灰色实线—题号框

图4-13 题号框标注示例

4.2.7 学生自我学习单

学生姓名		学习时长	
学习任务名称			
学习环境要求			
搜集资讯方式及内容			
典型工作过程			
典型工作实施困难			
学习收获			
存在问题			

4.2.8 学习评价表

学习任务				日期	
典型工作过程描述					
任务序号	检查项目	检查标准	学生自查	组长检查	教师检查

检查评价	班级		姓名		
	组长签字		教师签字		
	整体评价等级				
	评语				

任务3　学习拍搜标注

4.3.1　图中文本行

图片中带有汉字的文本行可以标注为图中文本行框，如图4-14所示。

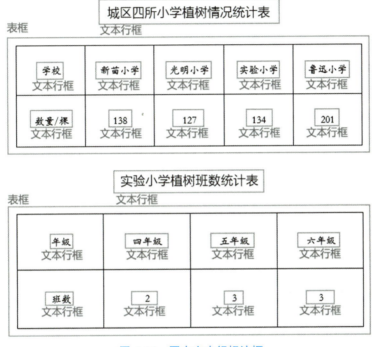

图 4-14　图中文本行标注框

4.3.2　单个题目的多个图

基本原则：除非明显是两幅图，否则一个题一般标注一个图框。

由于单个题目的图可能有多个，如果是明显的一组图，则标注为一个图框即可，如图4-15所示。

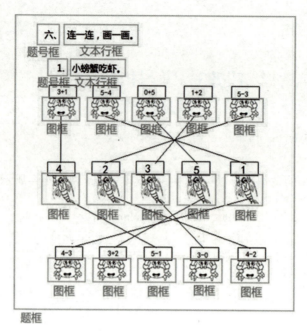

图 4-15 单个题目的多个图

4.3.3 表中有图

有些表内如果存在多个小图,则不需要标注小图,只需要标注大图的图框,如图4-16所示。

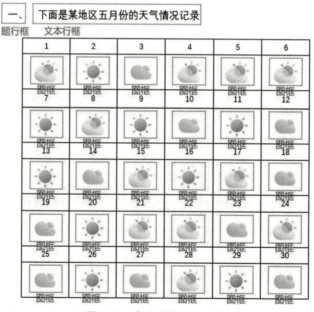

图4-16 表中有图标注示例

4.3.4 单个题目和周边文字

图与周边的文字明显为同一组内容，则图框标注的内容应当包含图片和相应的文字，如图4-17所示。

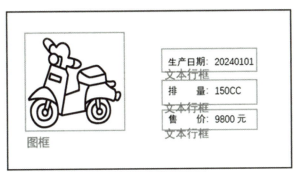

图4-17 单个题目和周边文字标注

4.3.5 应用题的答案行

对于应用题，答案行标注的内容是带有"答"字的文本行，如图4-18所示。

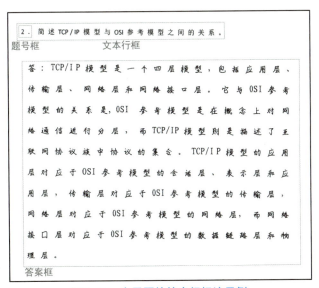

图4-18 应用题的答案行标注示例

4.3.6 题目的解析部分

题目的解析部分是按照其他题型进行标注的，包括题目框、文本行、图、答案，其中内部小段落号不需要标注为题号，如图4-19所示。

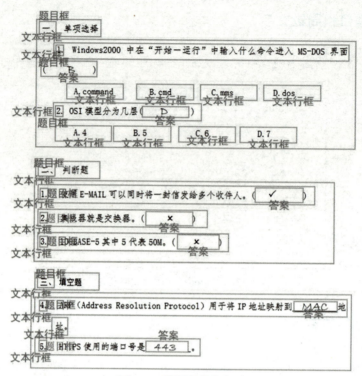

图4-19 题目的解析部分

4.3.7 学生自我学习单

学生姓名		学习时长	
学习任务名称			
学习环境要求			
搜集资讯方式及内容			
典型工作过程			
典型工作实施困难			
学习收获			
存在问题			

4.3.8　学习评价表

学习任务				日期	
典型工作过程描述					
任务序号	检查项目	检查标准	学生自查	组长检查	教师检查
检查评价	班级		姓名		
	组长签字		教师签字		
	整体评价等级				
	评语				

任务4 标注转写物理化学图文

4.4.1 整体流程

物理化学填空题数据标注可以分为"画框"和"转写"两个步骤,画框可以用矩形和多边形两种形式,如图4-20所示。

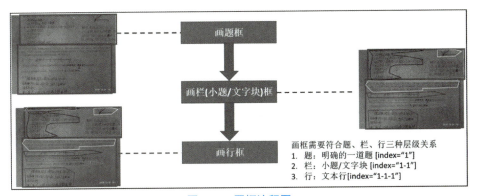

图4-20 画框流程图

4.4.2 画框规范

(1) 画框整体流程包括三步,需要严格以题为单位进行画框。

第一步,绘制题框。一个大题一个题框,对应层级1、2、3……

作答题目内容需要利用的上下文信息都属于该题的内容(例如10道选择题同属于选择题,但是不同题目之间并无任何题目内容上的语义关联,这些选择题都属于不同的题目,需要分别绘制题框)。

第二步,绘制栏框。一个小题/文字块一个栏框(不同任务可能有所区别),对应层级1-1、1-2、2-1……

第三步,绘制行框。在栏框内,以文本行为单位进行绘制,对应层级 1-1-1、1-1-2、1-1-3……

- 印刷体和手写体要分开画框。
- 尽量做到不压框,不压字。
- 框最深只有3个层级,不允许出现超过3个层级的标注。
- 如果一道题内只有一行,只需要绘制一个层级的框即可(层级深度为1);
  如果一道题内只有一栏,只需要绘制两个层级的框即可(层级深度为2)。
- 同一题内,所有转写内容都在同一层级。

- 所有框的顺序务必严格按照语义阅读顺序进行标注,例如,栏"2-3"在语义层面上一定是紧跟着栏"2-2"的。
- 转写部分必须根据阅读顺序进行画框,如分不清阅读顺序的图直接标注为坏数据。
- 继承层级的方法:选中第一层级框(编号1),按快捷键C,呈黄色状态,继续画框,编号为第二层级(编号1-1,1-2等);再按快捷键C,恢复原始层级。
- 解答题批次里出现纯填空题,直接标注为坏数据。

(2)一张图里,如果填空和解答分别是一个大题,则只需标注解答;一个大题里既有填空小题,又有解答小题,则填空和解答都要标注,如图4-21所示。

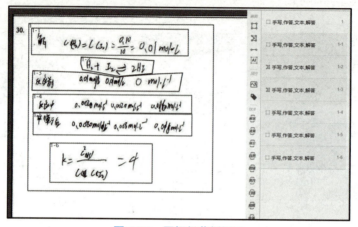

图 4-21　画框规范例图 1

(3)混乱图片或者不清楚图片,带涂抹或者版面异常杂乱的图片,无法判断阅读顺序的图片,此类图片应舍弃,同时标注为坏数据,如图4-22所示。

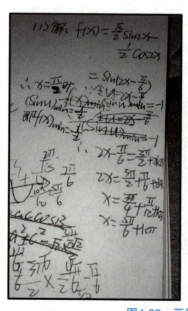

图4-22　画框规范例图 2

4.4.3 属性规范

首先了解4种属性,如表4-1所示。

表 4-1 标注属性规范

标注属性查找表			
物理属性 Physical Type	逻辑属性 Logical Type	内容属性 Content Type	题型属性 Topic Type
印刷 Print	题干 Subject	文本 Text	选择Multiple Choice
手写 Hand	作答 Answer	插图 Graphics	填空Fill Blank
		表格Form	解答Ask Answer
		干扰Noise	判断True False
			复合Compound
			其他Other Topic

1. 属性标注方法一

单击"继承属性"按钮,显性继承属性,如图 4-23所示。

(1)给题框加属性:观察题图,题目中所有内容都符合"手写+作答+文本+解答"的属性,所以题框的属性为:题型属性选"解答",内容属性选"文本",逻辑属性选"作答",物理属性选"手写"。

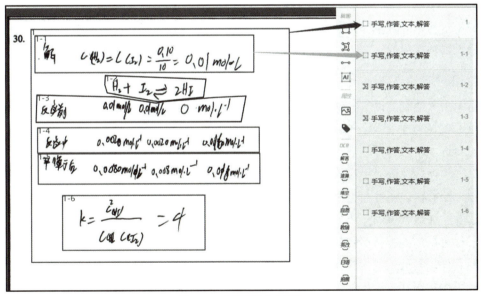

图 4-23 属性规范例图 1

(2)给栏框加属性:栏框属性和上一层级的题框属性相同,不用添加属性。

2. 属性标注方法二

单击"继承属性"按钮，显性继承属性，如图 4-24 所示。

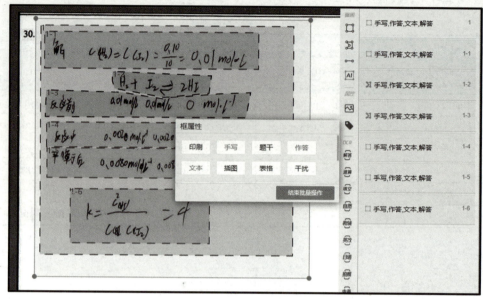

图 4-24　属性规范例图 2

（1）给所有框添加共有属性：观察题图，题目的所有内容都符合"手写+作答+文本+解答"的属性，按 D 键+鼠标左键，出现灰色框，选中所有框，批量添加"手写+作答+文本+解答"属性。

（2）给栏框、行框添加特有属性：观察题图，所有栏框、行框的属性都和题框相同，不用再添加独有属性。

3. 属性标注方法三

不单击"继承属性"按钮，隐式继承属性，如图 4-25 所示。

（1）给题框加属性：观察题图，题目中都是所有内容都符合"解答+文本+手写+作答"的属性，所以题框的属性为：题型属性选"解答"，内容属性选"文本"，逻辑属性选"作答"，物理属性选"手写"。

（2）给栏框加属性：栏框属性和上一层级的题框属性相同，不用添加属性。

属性添加注意事项介绍如下。

- 最外层的题框务必设置题框属性。
- 若内层与外层的属性出现冲突，则以内层的框属性为准。
- 下一层级和上一层级相同的属性，不用重复添加，通过"继承"获得即可。
- 内层框可以"继承"外层的框属性（不需要显示标注），也可以重写（覆盖）外层框属性；最内层的框通过"继承"和"重写"的方式必须拥有全部标注属性。
- 继承属性的方法：画好第 1 个框，标好属性，单击标注界面右下角的"继承属性"

按钮，接下来的框就会自动添加属性。
- 批量添加属性的方法：按住D键+鼠标左键，可以选择多个框，可以同时赋予多个属性。

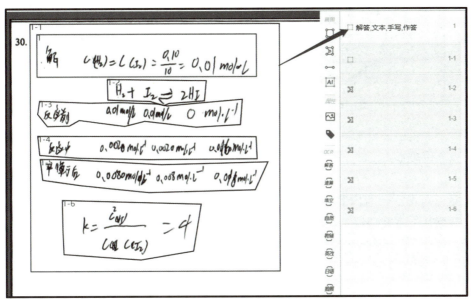

图4-25　属性规范例图3

4. 手写文本行加干扰属性

绿色框内是正常转写的手写文本行，但左边和上面有干扰文本行（红色框内的部分），则需要标注成"干扰+文本"属性，如图4-26所示。

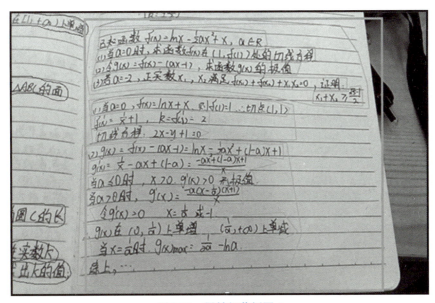

图4-26　属性规范例图4

5. 有机化学的分子式

画框,并给定 OrganicChemistry 属性,如图 4-27 所示。

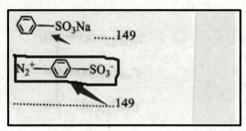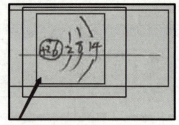

图 4-27　属性规范例图 5

4.4.4　转写规范

所见即所得:转写内容必须和标注框中所看到的文本完全一致,不要人为揣摩、猜测,不要联系上下文理解。例如,"隐身",如果"隐"左边部首在图片中没有,应标注为"急身"。

1. 通用辅助符号

转写过程中需要用规范的辅助符号进行标注,列出几种通用的辅助符号,如表 4-2 所示。

表 4-2　通用辅助符号定义表

通用辅助符号定义			
符号	含义	举例	转写内容
\textbf	题号修饰符		\textbf {2.}
\smear	无法辨认被涂抹的内容		\smear x + 2y=8
\bcancel	被涂抹内容可以辨认,被涂抹的内容需要转写		\bcancel{P(x<240)= }
\unk	不存在的字符		.11-\frac{4} {\unk}

2. 圆圈题号的转写

- 非题号圆圈数字，用\textcircled{数字}转写，如图4-28所示。
- 题号圆圈数字，用\textbf{\textcircled{数字}}转写，如图4-29所示。

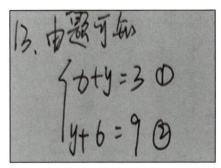

图 4-28 非题号圆圈数字转写

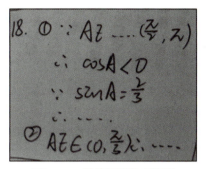

图 4-29 题号圆圈数字转写

3. 标点符号的转写

逗号、顿号、点、句号、点乘号要完全按照图片转写。

4. 下画线的转写

- 能绕开印刷下画线的，或不画入框内的，就不用 underline{} 修饰，直接转写文本。
- 印刷下画线上有手写体的，用\underline{\textit{文本}}转写。
- 手写下画线上有手写体的，用\underline{文本}转写。

注意 latex 左右尽量用键盘空一格。

4.4.5 学生自我学习单

学生姓名		学习时长	
学习任务名称			
学习环境要求			
搜集资讯方式及内容			
典型工作过程			
典型工作实施困难			
学习收获			
存在问题			

4.4.6　学习评价表

学习任务				日期	
典型工作过程描述					
任务序号	检查项目	检查标准	学生自查	组长检查	教师检查
检查评价	班级			姓名	
	组长签字			教师签字	
	整体评价等级				
	评语				

作业与练习

一、图文标注中如果有标点符号是否需要根据中文和英文标点分别进行标注？这些标点的标注和转写是不是参照平台自动转换的结果？是否需要进行一定的修整？

二、文字下如果有下画线是否需要标注进去？如果不进行标注，那么如何转写字与下画线相连的部分？如图4-30所示。

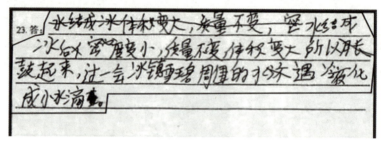

图4-30 作业1

三、如图4-31所示，你是否认识图片中的文字？看不清或看不懂的时候该如何标注？

图4-20 作业2

四、如图4-32图片，文本中有一些字是手写插入的，该如何标注？

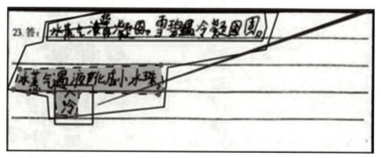

图4-32 作业3

五、写出拍照搜索题检测框标的几种类型？并分别阐述具体的标注规范。

项目 5　语音数据标注

ppt：语音数据标注

项目场景

语音数据标注转换可在以下领域得以应用，呼叫中心自动质检（可以对通话记录进行自动质检，以减少人工质检），语音自动转文字。如微信对用户的语音进行了标注，则实现了语音转文字的功能；类似的应用有百度语音助手、苹果 Siri 等，其他的应用包括语音拨号、语音导航、室内设备控制、语音文档检索、简单的听写数据录入等。

任务1　认识语音数据标注

5.1.1　什么是语音标注

一般来说，语音标注与我们生活的众多方面都是息息相关的。例如，我们在使用微信时，语音可以转换成文字，使用百度地图 App 上的小麦克风功能，或者京东客服里的直接说出问题功能等。这些都需要前期大量的人工去标记这些"说出的话"所对应的"文字"，采用人工的方式一点点去修正语音和文字间的误差。这就是语音标注。

语音标注员为相关 AI 应用提供了最基本的标注数据集。常见的语音标注类型有语音转录和语音合成两种。标注员使用标注工具对相关语音数据进行转录、合成等操作。

5.1.2　语音数据标注工具

生活中，语音标注最典型的是录音数据标注，录音数据标注有着严格的质量要求。目前网络上有各类公共平台提供语音标注工具，本任务介绍常见的几种。

1. 京东众智语音数据标注工具

京东众智结合语音数据标注方面最常见的标注需求，在 Wise 开放标注平台上线了语音切割转写判断标注工具。Wise 开放标注平台是一个可以与任意标注团队进行标注项目线上合作的开放平台，于 2020 年 5 月在官网正式上线。除了将标注项目发布给外部标注团队外，用户也可以在平台上标注自己的项目。此时，这个简单易用，功能全面的标注平台就变成了一个"高级版"的标注工具，如图 5-1 所示。

图 5-1　Wise 开放标注平台

Wise 开放标注平台上的语音标注工具目前只有语音切割转写判断这一种，但是通过丰富的可配置项，这个工具可以满足90%以上客户的语音标注需求。打开京东众智的官网，在页面最上方单击开放标注平台后单击"创建标注项目"按钮，即可进行语音数据标注。

2. 曼孚科技语音标注工具

相比于目前市场上主流的语音标注工具，曼孚科技所研发的语音标注工具在效率上提高了 2.5～4 倍。曼孚科技语音标注工具的主要特点是预标注功能，这是其效率提高 2.5～4 倍的核心。工具本身集成了部分算法，可以代替人工完成部分任务。例如，工具本身会对语音进行自动标注，人工只需在标注基础上略作修改即可。

曼孚科技语音标注工具如图 5-2 所示。

图 5-2　曼孚科技语音标注工具

3. 爱数众包平台

爱数是国内领先的人工智能大数据资源服务企业之一。业务涵盖语音数据采集、标注、矫正、转写，图像数据采集标注，文本采集矫正等。

语音数据采集支持普通话、各地方言、维吾尔族语、英语、韩语、越南语等。文本数据采集面向命令词、常见人名、地名库、歌曲名称、文本校对等领域。图像数据采集应用于人脸图像、人脸表情、图形符号等方面，公司核心技术处于国内数据提供方中的领先水平，如图 5-3 所示。

图 5-3　爱数众包平台

4. 语音标注工具 Praat

Praat 是目前比较流行也比较专业的语音处理软件，可以进行语音数据标注、语音录制、语音合成、语音分析等，具有免费、占用空间小、通用性广泛、可移植性强等特点。

5.1.3　语音标注分析六大元素

1. 是否包含有效语音

无效语音是指不包含有效语音的类型。例如，音频是静音或者全是噪声；语音非普通话；语音音量过小，或背景音过大，导致听不清语音内容等。

2. 语音有无噪声

常见噪声包括但不限于主体人物以外其他的说话声、咳嗽声、雨声、动物叫声、背景声、汽车喇叭声等。

3. 说话人数量

谈话人数量，即标注出语音内容是由几个人说出的。

4. 说话人性别

如果在该语音中有多个人说话，则标注出说话人的性别。

5. 语音有无口音

在语音标注过程中，如果说话的人有口音，则需要标注。

6. 语音转写符合场景

（1）文本转写需要用汉字表示，如果遇到不确定的字，可以采用常见的同音字表示。

（2）转写内容与实际发音内容完全一致，不允许出现修改与删减的情况，即使发音中出现了重复或不顺畅等发音问题。

（3）遇到网络用语要如实标注，如实际发音为"孩纸""童鞋"，则不能标注为"孩子""同学"。

（4）遇到数字，要根据数字具体的读法标注为汉字形式，不能出现阿拉伯数字形式的标注。如"321"，允许标注为"三二一""三百二十一"等。

（5）语音中夹杂英文的情况，如英文的实际发音为每个字母的拼读形式，则以大写字母形式去标注每一个拼出的字母，字母之间用空格分隔，如"ＷＴＯ""ＣＣＴＶ"；如出现的是英文单词或短语，则可以用英文小写字母准确标注出每个单词，单词与单词之间用空格分隔，如"i love you"。

5.1.4 学生自我学习单

学生姓名		学习时长	
学习任务名称			
学习环境要求			
搜集资讯方式及内容			
典型工作过程			
典型工作实施困难			
学习收获			
存在问题			

5.1.5 学习评价表

学习任务				日期	
典型工作过程描述					
任务序号	检查项目	检查标准	学生自查	组长检查	教师检查
检查评价	班级		姓名		
	组长签字		教师签字		
	整体评价等级				
	评语				

任务2　了解语音标注Praat工具

5.2.1　Praat 工具的介绍

Praat是目前比较流行的语音处理的软件，它的使用也很方便。Praat 英文为doing phonetics by computer，通常简称 Praat，是一款跨平台的多功能语音学专业软件，主要用于对数字化的语音信号进行分析、标注、处理及合成等实验，同时生成各种语图和文字报表。

Praat 允许用户对语音数据进行标注，包括音段切分和文字注释，标注的结果还可以独立保存和交换。然而，Praat 本身缺乏自动标注功能，只能对有声段和静默段进行简单的识别，而不能对音节、节拍群等语流单位加以切分。

5.2.2　Praat 工具的使用

Praat 工具可从官网上下载并安装（此步骤省略），这里主要介绍 Praat 工具在语音标注的使用步骤。

（1）打开 Praat 软件，只保留"Praat Objects"窗口。

（2）选择"Read"→"Read from file"命令，在打开的窗口中选择录音文件→单击右手边的"Annotation"选项→单击"To TextGrid"选项→在弹出的"Sound：To TextGrid"界面的第一个框中输入 1，

第二个框表示清除干净不用管。单击"OK"按钮→按住 Ctrl 键，同时选中 Wav 文件和 Textgrid 文件，单击右侧的"Edit"按钮，出现标注界面，开始进行标注。

（3）语音标注。

① 单击声波层（Tier），按 Ctrl+1组合键，画一条竖线；取一定间隔，再画一条竖线，并在该二条竖线内单击第一层（左侧有手指和数字 1），即选中该区域，按 Tab 键，自动播放该区域内的音频。

② 在第一层（Tier）内使用鼠标选中竖线，左右拖动可调节左右跨度，按 Tab 键可自动播放该区域内的音频。

③ 左右拖动调整完毕，在顶端区域内，输入该区域的描述，可以是中文文字，或者音素或拼音字母，此即标注完毕。

④ 循环①到③步，标注完毕整个音频。

⑤ 删除竖线：选中竖线，按Alt+Backspace组合键即可。

⑥ 当需要移动音频，或者放大缩小音频时，可以选择界面底下一排按钮，如图 5-4

所示。

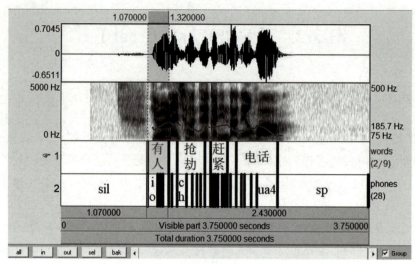

图 5-4　语音标注示例

（4）文件保存。

按 Ctrl+S 键，在保存提示对话框中输入文件名，按回车键后确认保存。

（5）标注合并。

只有当两个标注相对比时（如一个是自动标注，另一个是人工标注），合并到同一个文件中会一目了然。

先按第（2）步把 Textgrid 文件导入，再选中两个想合并的 Textgrid，单击右侧的"Edit"按钮，出现标注界面。人工标注和自动标注会合并到同一个视图。

5.2.3　Praat 工具标注常用操作指令

- 播放/暂停：Tab 键。
- 放大/缩小：单击界面左下的"all"按钮可全屏显示，"in"按钮可逐步放大界面，"out"按钮可逐步缩小界面，"sel"按钮可选中部分进行全屏显示。
- 选中音频：在语音波形上拖动鼠标。
- 拖动音频：拖动标注界面最下方的滑动条。
- 生成切割线：在语音波形上用鼠标单击需要切割处，即出现一条红色虚线，同时该红色虚线与每个标注层的相交处有一个空心圆圈，即可生成切割线。
- 移动切割线：鼠标单击要移动的切割线，左右拖动。
- 删除切割线：选择界面左上顶部"Boundary"→"Remove"命令，即可删除。
- 查看秒数：在标注层下面，滑动条上面，有三个显示依次为：每个切割片切割秒数、屏显秒数、整条音频秒数。

5.2.4 学生自我学习单

学生姓名		学习时长	
学习任务名称			
学习环境要求			
搜集资讯方式及内容			
典型工作过程			
典型工作实施困难			
学习收获			
存在问题			

5.2.5 学习评价表

学习任务				日期	
典型工作过程描述					
任务序号	检查项目	检查标准	学生自查	组长检查	教师检查
检查评价	班级			姓名	
	组长签字			教师签字	
	整体评价等级				
	评语				

任务3　客服语音转写

5.3.1　用Praat工具打开语音文件

选择"Praat"→"Open"→"Read From File"命令→在打开的对话框中找到你打开的文件→单击"打开"按钮→选中同一个文件名的两个文件→选择"View & Edit",可以打开语音文件。

5.3.2　开始标注语音文件

1. 时间边界定位

(1)按 Tab 键可以播放语音,再次按 Tab 键/Esc 键可以停止播放语音。

(2)按 Ctrl+I 组合键可以放大波形;按Ctrl+O 组合键可以缩小波形。建议放大 1~2 倍后再 标注。

(3)听音,在整段电话语音的基础上,根据语义和停顿时间等因素,在音频信号中每一句话的句首和句尾分别添加时间边界。

2. 添加时间边界

将鼠标指针移动到语音波形的相应位置,这时会出现一条虚线以及圆圈,分别单击"SPEAKER"层和"CONTENT"层对应的圆圈即可。或者直接按 Ctrl+2 组合键可以自动同时在"SPEAKER"层和"CONTENT"层打上时间点。在整个语音文件中,"SPEAKER"层和"CONTENT"层的时间边界的数目是完全一致的,每一对时间边界也是完全相等的。

请注意,"SPEAKER"层和"CONTENT"层的时间边界必须保持一致,也就是说不管单击哪一层的时间边界,另外一层一定是空心蓝色的,而不是实心蓝色的,如图 5-5 所示。

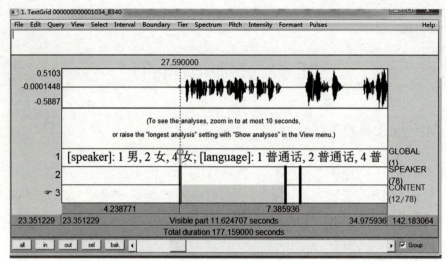

图5-5 时间边界定位

3. 文件标注

（1）"GLOBAL"层主要标注语音文件的一些全局信息，包括说话人性别信息和语种信息（方言区），标注格式如下：

[speaker]：[空格]1[空格]性别，[空格]2[空格]性别；[空格][language]：[空格]1[空格]方言区，[空格]2[空格]方言区

（2）"SPEAKER"层需要标注的是说话人信息，"说话人"取值为以下两种：1、2，分别表示说话人1、说话人2（说话人1、2仅标注在文字段上，符号段不标注）。

如果是客服类对话，则"SPEAKER"层的"说话人"取值为1的语音，必须是话务员；用户的语音取值为2。

（3）将客服定义为奇数，用户为偶数（客服一定是和用户有直接对话的，否则不算客服），如果第三个人是用户的情况，则

[speaker]：1 男，2 女，4 女；[language]：1 普通话，2 普通话，4 普通话，如图5-6所示。

（4）"CONTENT"层需要标注的是该句对应的文字，如果是使用汉语交谈的，则只能用简体汉字。对于语音中的数字部分需根据发音情况转换为对应的汉字，例如，"27"→"二十七"；"我的电话是2381832"→"我的电话是二三八幺八三二（与发音相同）"，如图5-7所示。

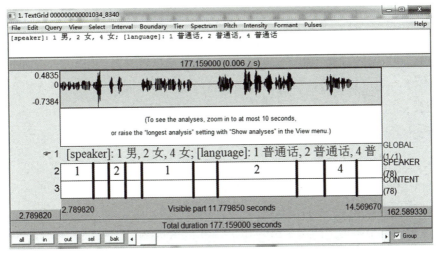

图 5-6　说话人信息标注

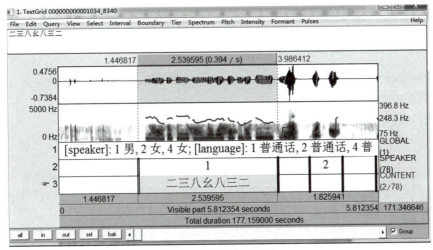

图 5-7　汉语交谈标注

4. "CONTENT"层正常语音的标注

（1）如果此语段为某一个人的汉语对话语音，则请在"SPEAKER"层和"CONTENT"层标注时间边界，在"SPEAKER"层标注1或者2，在"CONTENT"层输入相应的文本。

（2）如果此语段为两个人交叉语音，关于重叠（交叉）的语音，即对于某个人的一句话未完，另一个人的一句话已经开始的情况，则请在"SPEAKER"层和"CONTENT"层标注时间边界，在"SPEAKER"层不标注内容，在"CONTENT"层标注"+"。

对于叠加，必须是真实的。不能将大段的听不清语音叠加混和在一起。叠加段内的非叠加部分，前后最多不得超过1个字。至于由于添加叠加的时间边界导致的半个语音（即切掉头或者尾）可用[*]或[UNK]来表示。[*]和[UNK]取决于是单段的听不清，还是在语音中听不清。

（3）在整个语音中，需根据说话人的变换来增加时间边界。

（4）如果同一说话人说话时间较长，则应根据其语义来增加时间边界，每个时间段的长度最多不能超过8s，但断句也不要太散太短。每个自然语言段平均在5～6s即可。

（5）每个时间边界的最佳位置在音频能量的最低点（即波谱图上黑色部分最淡的地方），如果仅有几个字包含不进来，那么建议舍弃这几个字。

5. 英文

（1）单词对于语音中简单的英文单词，在能听懂的情况下，直接标出即可。特殊符号用发音标注，不写特殊符号。例如，"网址是三w点sina点com"；"二三八幺八三二艾特qq点com"（不要写@）；"请以井号键结束"（不要写#）。

（2）字母中每个字母中间用空格隔开。例如，good表示单词读音，g o o d则表示字母读音。例如，我的编号是f m s 幺三二。

（3）如果发音是表示应答的"嗯"，则统一都用"嗯"，不要用"恩"或者"厄"。其他的口头发音，也需要用带口字旁的汉字标注，例如，哦，啊，唉等。

6. "CONTENT"层短暂噪声的标注

短暂噪声是指非常短暂的突发的声音，所有此类标注都是中括号与语音内容的组合，不要标注时间边界。

（1）听不清的一个字/英文单词直接在句子中标注[UNK]。

例如，二三八幺八[UNK]二，如图5-8所示。

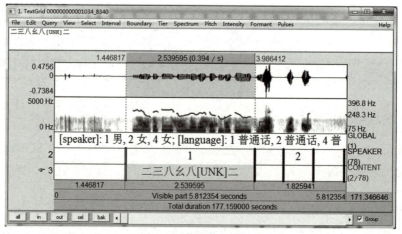

图5-8 短暂噪声的标注

（2）两个或者两个以上听不懂的字，标注[*]，如图5-9所示。

- 听不清的长句。
- 方言。
- 大段的英文句子。
- 拿着话筒和其他人说话。

(3) 短暂的笑声：直接在句子中标注[LAUGH]。

(4) 短暂的由说话人发出的干扰浊音：直接在句子中标注[SONANT]。

- 咳嗽声。
- 打喷嚏。
- 清嗓子。

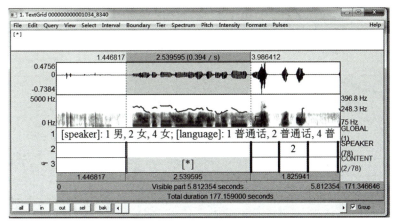

图 5-9　听不懂的字标注

(5) 系统提示音，即系统播出的语音提示：[PROMPT]系统自动播放的语音内容，而非说话人的语音内容（第二层不用标说话人）。

例如，[PROMPT]欢迎致电我公司现在由一号客服代表为您服务。

7. "CONTENT"层持续噪声的标注

持续噪声是指比较长的一段声音，所有此类标注都是单独的噪声类型，需要标注中括号和时间边界，"SPEAKER"层不标注内容。

(1) 明显的静音段（大于 500 ms）：[SIL]，如图 5-10 所示。

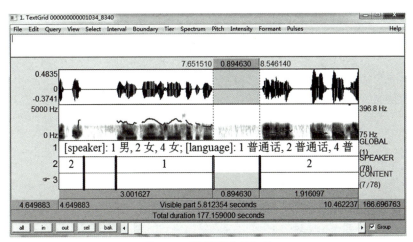

图 5-10　持续噪声的标注

（2）各种垃圾声音：[ENS]，如图 5-11 所示。
- 连续的拍桌子。
- 连续的敲击声。
- 持续的各种环境噪声（大于 500ms）。

（3）连续的笑声：[LAUGH]。

（4）持续的音乐声：[MUSIC]。

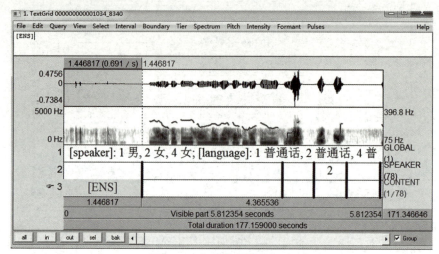

图 5-11　各种垃圾声音标注

- 唱歌声（有歌词和旋律）。
- 哼唱（没有歌词，但有旋律）。
- 口哨声。
- 别人唱歌、演奏，也可能是背景的电视、收音机发出的音乐。

（5）录音及电信系统引起的噪声：[SYSTEM]，包括电话按键音 dtmf、电话忙音 beap、录音系统的其他噪声等，都是通信系统主动发出的声音，而不是摘机、挂机或干扰带来的咔啦或呲呲杂音。

一般会用到的噪声符号有+，[*]，[ENS]，[UNK]，[SONANT]，[LAUGH]，[PROMPT]，[SYSTEM]。

8. 修改标注

- 去除端点：选中端点，按Alt+Backspace组合键。
- 移动端点：直接用鼠标拖动。
- 修改文字：选中语音段，在编辑框中修改。

9. 保存

按Ctrl+S 组合键将文件保存到相应目录下。

5.3.3 工具自查 checktool

（1）先进入程序安装文件夹，安装 Perl 和 Python 程序。注意 Perl 安装使用默认路径，即C:\Perl\bin\perl，Python 安装使用默认路径，即C:\Python27\python。

（2）单击"1_Textgrid_modify"→"tmp"→已完成语音放在tmp 里面→退出后单击"run"按钮。

（3）把1_Textgrid_modify 中 tmp 的语音全部复制到2_checktool 的 tmp 中→单击"run"按钮。

（4）查看出错的地方，例如，intervals [50]，说明第 50 段语音有错，将对应文件的 textcheck 打开，查找到 intervals [50]，查看错误类型，最后在里面做修改，保存即可（改一个错误就要保存一次），再重复上面的操作修改下一个错误，直到最后没有报错为止。

5.3.4 学生自我学习单

学生姓名			学习时长	
学习任务名称				
学习环境要求				
搜集资讯方式及内容				
典型工作过程				
典型工作实施困难				
学习收获				
存在问题				

5.3.5 学习评价表

学习任务				日期	
典型工作过程描述					
任务序号	检查项目	检查标准	学生自查	组长检查	教师检查
检查评价	班级		姓名		
	组长签字		教师签字		
	整体评价等级				
	评语				

任务4　学习录音数据标注规范

5.4.1　语音文件分类

按语音质量,把语音文件分为两大类:一类为训练语音;另一类为非训练语音(本项目只标注训练语音,非训练语音不标注)。

非训练语音识别条件如下。

(1)文件大小方面:文件大小为200KB以下的语音(时长过短,未形成对话的语音)。

(2)噪声方面:整段语音伴有严重的持续背景噪声的语音(背景音如严重电流声、风声和干扰声等)。

(3)文本方面:不能听懂的方言类语音,如某些南方方言等;经常性听不清,不能准确写出文本的语音;无贡献文本的语音(如文本只有"喂,你好"这几个字的语音);整段语音中50%以上文本为脏话的语音。

(4)其他方面:回声大的语音(听觉上出现双字的语音);过载严重的语音(音量过大导致截幅严重的语音,这里指全段语音的每字都严重截幅的语音;稍微截幅的要算作训练语音)。

5.4.2　语音标注层级

语音标注层级如表5-1所示。

表 5-1　语音标注层级

中文层 chinese	1. 标注语音对应的文本和噪声标识; 2. 中文文字要与语音一致
谈话人层 speaker	1. 标注主要说话人的角色、性别和身份; 2. 客服用 A 表示,客户用 B 表示; 3. 用"M、F"+编号 1 或 2,分别表示男(male)、女(female)性别;性别相同时,用数字按编号 1、2 来区别身份; 如:AF1、BF2……(两女声),AM1、BM2……(两男声),AF1、BM1……(一男一女)
情绪层 emotion	标注该段语音的语速、情绪

5.4.3 标注规范细则

1. 两主说话人的语音片段

主说话人的语音片段一般为一人客服、一人客户，分为背景无噪声或轻微噪声时、背景有严重噪声（听感达到说话声的 30% 以上为严重噪声）两种。

（1）背景无噪声或轻微噪声时。

① 切割此片段，标记上所说文本（片段不要过长，一般控制在 2～6 s，以语义完整的一句话为一个片段）；特殊情况下，最长不超过 10 s。

② 数字和符号需转换成汉字，如 70% 写为百分之七十。

③ 切割的语音片段首尾要留有一定余量（首尾为静音段时可以多留余量，1 s 都可以，首尾为噪音段时，要稍微紧贴语音）。

④ 音译词用中文写出，如拜拜、英格兰、保时捷等，如图 5-12 所示。

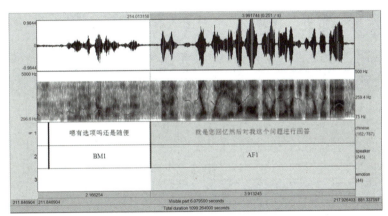

图 5-12　背景无噪声或轻微噪声标注

（2）背景有严重噪声。

将语音文本加上 [ ] 标记，其他同上，如图 5-13 所示。

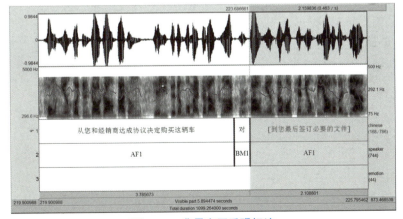

图 5-13　背景有严重噪标注

2. 特殊语音片段

（1）听不清的语音片段。

① 将这个词或句单独切段，标记为（（）），如图 5-14 所示。

② speaker（说话人）层也标记相应的信息。

（2）两人主说话人同时说话，音量相当且内容有意义时。

① 将这个语音段切出，中文层"chinese"层标注两个人的说话内容，说话人层即"speaker"层也对应标注两个角色信息，用 | 分隔，先后顺序，上下层要一致。

② 两个人同时说话，而另一个人只说了"嗯"时。

- 另一个"嗯"声音量很低时，做轻微噪声处理，直接标注说话人的文本即可。
- 另一个"嗯"声音量很大时，主说话人的文本首尾加上标记[ ]即可。

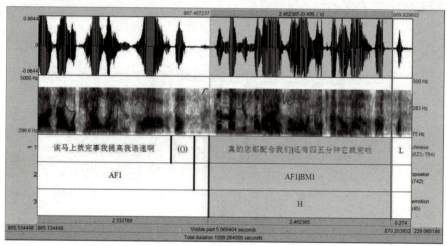

图 5-14　特殊语音片段标注

3. 句中出现英文

（1）句中出现英文。

① 出现字母时，字母要大写，每个字母前边加上"～"，字母间、字母与文本间要以空格隔开，例如，～A～B～C。

② 出现单词或英文名时，单词小写，每个字母前也加"～"，单词间、单词与文本间以空格隔开，如图 5-15 所示。

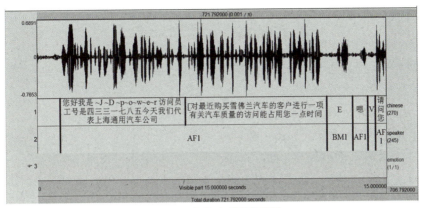

图 5-15 句中出现英文标注

(2) 句中出现外语。

切割此片段,标记为对应标识符号:

① 英文无法标记时,切割片段并标记为 E (English)。

② 出现日语时,切割片段并标记为 J (Japanese)。

③ 出现韩语时,切割片段并标记为 K (Korean)。

4. 静音段噪声标注

(1) 超过 1 s 的安静无杂音的纯静音段。

① 超过 1 s 的纯静音段要标记为 S (silence)。

② 1 s 以下的纯静音段则平分给前后语音。

(2) 静音段中的人声噪声片段。

切割此片段,不标记,如背景人说话声。

(3) 静音段中的非人声噪声片段。

切割此片段,标记为 N (noise),如敲键盘声、严重电流声,如图 5-16 所示。

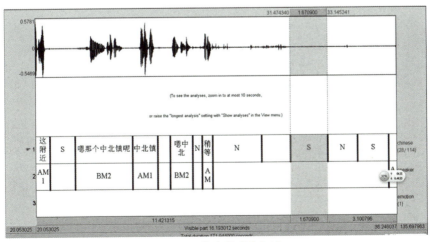

图 5-16 静音段噪声标注

5. 静音段特殊声音标注

（1）静音段中的人声呼吸段。

切割此片段，标记为 V（voice），如咳嗽声、呼吸声等。

（2）静音段中的人的纯笑声。

切割此片段，标记为 L（laugh）。

（3）非人声铃声、非人声彩铃、拨号声、传真声。

① 切割此片段，标记为 R（rubbish）。

② 必须是非人声铃声，若有人声，则按人声噪声处理，不标记，如图5-17所示。

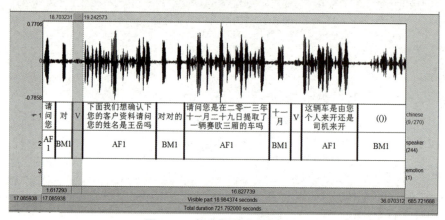

图 5-17　静音段特殊声音标注

6. 说话人层标注

（1）中文层为文本、（()）的，标注说话人层信息。

（2）中文层为文本、（()）的，当多个片段都是同一个人说话时，合并为一段标记。

（3）中文层为两人同时说话的，说话人层用 | 分隔，先后顺序，上下层要一致。

（4）上下层切割线要严格对齐，如图 5-18 所示。

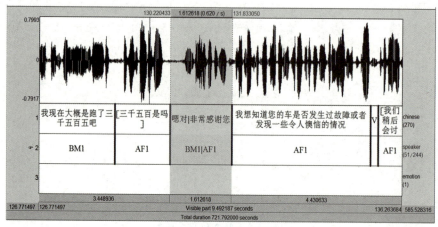

图 5-18　说话人层标注

7. 情绪层标注

（1）情绪为正常时，不用标记。
（2）情绪变化导致语速变快时，标记为 Q（quickly）。
（3）情绪为激动或着急时，标记为 A（anxious）。
（4）情绪为愉快时，标记为 H（happy），如图 5-19 所示。
（5）情绪为悲伤时，标记为 S（sad）。

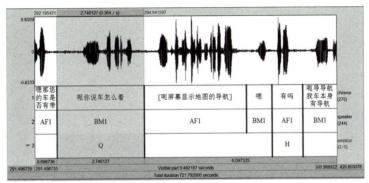

图 5-19　情绪层标注

5.4.4　质检验收标准

（1）文本有误（多字、少字、错字）。
（2）主说话人的大段文本未标注（漏标、大段标成听不清）。
（3）听不清的未单独切段。
（4）说话人角色、性别、身份有误。
（5）噪声标识有误（错标、漏标）。
（6）符号未半角，标识符未大写。
（7）两人同时说话情况未用 | 分隔，或上下层顺序不一致。
（8）切割线位置不准。
（9）同一人说话时长 10s 以上的未分段。

5.4.5 学生自我学习单

学生姓名		学习时长	
学习任务名称			
学习环境要求			
搜集资讯方式及内容			
典型工作过程			
典型工作实施困难			
学习收获			
存在问题			

5.4.6　学习评价表

学习任务					日期	
典型工作过程描述						
任务序号	检查项目	检查标准	学生自查		组长检查	教师检查
检查评价	班级			姓名		
	组长签字			教师签字		
	整体评价等级					
	评语					

作业与练习

一、熟悉掌握 Praat 语音标注工具，使用客服或对话语音进行语音标注。

二、熟悉掌握 Praat 语音标注工具，对长段语音进行切割、分类、标注和合并。

三、在"爱数众包"第三方平台上注册一个账号，并完成电话对话语音的标注，学习电话对话语音标注属性和规范，并完成众包平台中的语音标注项目。

  1. 写出电话对话语音标注属性，分别有哪几类，并且该如何设置？

  2. 写出电话对话语音的标注规范，并写出与任务2的客服语音标注规范的区别。

四、完成以下理论试题

  1. 以下（ ）不是标签？

   A. noise   B. unk   C. laugh   D. cry

   E. cough   F. sneezing

  2. 有歌词但听不清的用（ ）标签。

   A. <noise>   B. <unk>   C. <laugh>   D. <cough>

  3. 男声和女声无法分辨时，性别选择（ ）。

   A. 混合   B. 儿童   C. 男   D. 女

  4. 纯音乐，无歌词时用（ ）标签。

   A. <unk>   B. <cough>   C. <noise>   D. <langh>

  5. 男女对话，男声听得清、女声听不清，性别选择（ ）。

   A. 男   B. 女   C. 儿童   D. 混合

  6. 录音音频中出现 2018 年 9 月 8 日 18:00 时转录为（ ）。

   A. 2018 年 9 月 8 日 18:00   B. 二〇一八年九月八日十八点

  7. 音频中有两个人在对话，声音不重叠，其中一个明显小于主说话人，但都能听得清，是否转录？（ ）

   A. 是，只要能听清都需要转录   B. 否，只转录音量大的人声

  8. 地名，歌词发音不标准带点口音的时候，（ ）。

   A. 按发音标注   B. 标注噪声

   C. 去百度搜索后再标注正确专有名词写法

  9. 标注无效数据的情形有（ ）。（多选题）

   A. 内容中只有标签不包含文字   B. 一段没有实际含义的文字

  10. 以下（ ）不属于主动交互。

   A. 关闭   B. 这个就是我们那天来的时候走的路。哦？真的吗？

   C. 回家   D. 导航去武汉大学

11. 个别字有口音时，（   ）。
A. 按正常转录
B. 按听到的发音错误的字转录

12. 说话的声音存在持续的噪声时，标注正确的是（   ）。
A. 转录内容后标记<noise>
B. 转录内容前后都标记<noise>
C. 转录内容前标记<noise>
D. 不标注

13. 音频中有两个人的声音，声音不重叠，一个是真实的人声，一个是电视中的人声，两个人声音都能听清，转录正确的是（   ）。
A. 只转录真实的人声
B. 只转录电视中的人声
C. 真实的人声和电视中的人声都转录
D. 真实的人声转录出来，电视中的人声标注<unk>

14. 最后一个字由于切音问题发音不完整，以下说法正确的是（   ）。
A. 最后一个字标注<unk>
B. 转录出来
C. 抛去句子，单听最后一个字，若单听情况下能听得出来就转，听不出来算<unk>

15. 福建人说福建话并且能够转录出来，标签选择（   ）。
A. 口音：轻口音
B. 口音：重口音
C. 口音：重口音　备注：方言
D. 口音：轻口音　备注：方言

16. 关于口音，以下正确的是（   ）。
A. 30%以下的字发音不标准为轻口音
B. 重口音不是方言 轻口音一定是方言
C. 30%以上的字发音不标准为重口音
D. 一个字发音不标准无口音

17. 常见的韩语和泰文如撒浪嘿哟，萨瓦迪卡要标注为（   ）。
A. <unk>
B. 撒浪嘿哟，萨瓦迪卡，无备注
C. 撒浪嘿哟，萨瓦迪卡，并备注非中英文

18. 需要标注<unk>的情况有（   ）。
A. 背景音有人在说话，但听不清
B. 敲击键盘声
C. 小孩子的叫声
D. 听不懂的说话声
E. 一句话中有个别字听不清
F. 人打喷嚏

19. 英文歌曲 something just like this 转录为（   ）。
A. something just like this
B. Something Just Like This

20. 啊喔呃一呜吁转录为（ ）。

A. aoeiuv B. 啊喔呃一呜吁

21. ＦＢＩ要转录为（ ）。

A. ＦＢＩ B. ｆｂｉ C. fbi D. FBI

22. 音频中一男一女的声音，声音大小差不多，同时说出熊出没，以下转录正确的是（ ）。

A. 熊出没<unk>，性别女 B. 熊出没<unk>，性别男
C. 熊出没<unk>，性别混合 D. 熊出没熊出没，性别混合

23. 嘿、嗨转录为（ ）。

A. hi、hey B. 嘿、嗨 C. Hi、Hey

24. 音频中有一男一女的声音，都在说熊出没，男生说出的出没与女生的熊出两个字重叠，以下标注正确的是（ ）。

A. 熊<unk>没，性别混合 B. 熊出没熊出没，性别男
C. 熊出没熊出没，性别混合 D. 熊出没，性别混合

25. 音频中有一男一女两个声音，男声"给我找一下附近的电影院"过程中叠加了女声"吃什么呀"，音量相差不大且都能听得清，以下转录正确的有（ ）。（多选题）

A. 转录全部男声和全部女声

B. 转录全部男声，女声用<unk>

C. 只转录男声

D. 转录不重叠部分，重叠部分用<unk>

E. 只转录女声